MENTE IMORTAL

Ervin Laszlo
com Anthony Peake

MENTE IMORTAL

Evidências Científicas Comprovam a Continuidade da Consciência Além do Cérebro

Tradução
MAYRA TERUYA EICHEMBERG

Editora Cultrix
SÃO PAULO

Título do original: *The Immortal Mind.*

Publicado originalmente nos EUA por Bear & Co, uma divisão da Inner Traditions International, Rochester, Vermont.

Publicado mediante acordo com Inner Traditions International.

1ª edição 2019. / 1ª reimpressão 2022.

Editor: Adilson Silva Ramachandra
Gerente editorial: Roseli de S. Ferraz
Produção editorial: Indiara Faria Kayo
Editoração eletrônica: Mauricio Pareja Silva
Revisão: Luciana Soares da Silva

Dados Internacionais de Catalogação na Publicação (CIP)
(Câmara Brasileira do Livro, SP, Brasil)

Laszlo, Ervin
Mente Imortal : evidências científicas comprovam a continuidade da consciência além do cérebro / Ervin Laszlo, Anthony Peake ; tradução Mayra Teruya Eichemberg. — São Paulo : Cultrix, 2019.

Título original: The immortal mind : science and the continuity of consciousness beyond the brain.
ISBN 978-85-316-1523-8
1. Parapsicologia I. Peake, Anthony. II. Título.

19-27079 CDD-130

Índices para catálogo sistemático:
1. Parapsicologia e ciência 130
Cibele Maria Dias — Bibliotecária — CRB-8/9427

Direitos de tradução para o Brasil adquiridos com exclusividade pela
EDITORA PENSAMENTO-CULTRIX LTDA., que se reserva a
propriedade literária desta tradução.
Rua Dr. Mário Vicente, 368 — 04270-000 — São Paulo, SP
Fone: (11) 2066-9000
http://www.editoracultrix.com.br
E-mail: atendimento@editoracultrix.com.br
Foi feito o depósito legal.

Sumário

Prólogo
A Grande Questão

Será que a nossa consciência — mente, alma ou espírito — termina com a morte do nosso corpo?* Ou será que ela continua a existir, de alguma outra maneira, talvez em outro domínio ou outra dimensão do universo? Essa é a "grande questão", a questão preponderante a que as pessoas têm se perguntado através das eras.

Vamos direto ao ponto essencial. Será que somos inteiramente mortais? Ou será que *existe um elemento ou aspecto da nossa existência que sobrevive à morte do nosso corpo*? Essa questão é de suma importância para a nossa vida e o nosso futuro.

De uma maneira ou de outra, a ideia de que a consciência subsiste independentemente do cérebro e do corpo vivos tem sido defendida sempre que se pensa a respeito da natureza da realidade há milhares de anos. No entanto, essa ideia baseava-se em *insights* pessoais transmitidos com base na força do significado intrínseco e da autoridade espiritual a ela associados. Em anos recentes, evidências mais sólidas relativas à "grande questão" vieram à luz. Parte delas esteve sujeita a observações controladas, e algumas dessas observações foram registradas. Nos capítulos a seguir, revisaremos algumas evidências que, de fato, são convincentes e sólidas.

---

* Usaremos *consciência* e *mente* de modo tal que, onde quer que uma delas apareça, ela pode ser substituída pela outra, reservando *alma* e *espírito* para o contexto espiritual e/ou religioso.

Há três questões fundamentais que precisamos abordar, e faremos isso com uma de cada vez.

Em primeiro lugar, seria possível haver uma consciência que não estivesse associada a um cérebro vivo? Parece haver "algo" que pode ser ocasionalmente vivenciado, e até mesmo envolvido em comunicação, e que esse algo é a consciência de uma pessoa que já não vive mais. Vamos rever essas vigorosas evidências na Parte 1.

Em segundo lugar, supondo que existe "algo" que nós podemos vivenciar e que aparenta ser uma consciência desencarnada, o que isso significa para a nossa compreensão do mundo — e do ser humano no mundo? Quem e o que nós somos se a nossa consciência pode sobreviver ao nosso corpo? E que tipo de mundo é esse no qual a consciência pode existir independentemente do cérebro e do corpo? São essas as questões que abordaremos na Parte 2.

Em terceiro lugar, que tipo de explicação nós obtemos para a possível subsistência da consciência independentemente do cérebro e do corpo e para o contato e a comunicação com tal consciência, quando confrontamos as evidências com os *insights* mais recentes vindos das ciências naturais? Essa é a questão que formulamos na Parte 3.

Essas tarefas são ambiciosas, mas não estão além do âmbito da ciência. Sabemos que a experiência consciente pode ocorrer na ausência temporária da função cerebral: esse é o caso das chamadas experiências de quase morte (EQMs). A experiência consciente também poderia ocorrer na ausência *permanente* da função cerebral — quando o indivíduo morreu? Também faz sentido formular essa pergunta, pois ela é importante, significativa e não carece de evidências observacionais.

A ciência oficial — aquela que é ensinada na maioria das escolas e faculdades — não confronta essas questões: ela nega a própria possibilidade de que a consciência poderia existir na ausência de um organismo vivo. No entanto, ao contrário dos Dez Mandamentos que Moisés transmitiu ao seu povo, os princípios da ciência oficial não estão gravados em pedra. Em seu próximo desenvolvimento, a ciência talvez expanda o seu âmbito investigando fenômenos que abordam essas questões. E quando o fizer, é provável que alcance percepções que sejam de interesse vital não apenas para os cientistas, mas também para todas as pessoas da comunidade humana viva, pessoas talvez não inteiramente mortais.

PARTE I

AS EVIDÊNCIAS

A Consciência Além do Cérebro

1

Experiências de Quase Morte

Poderia a consciência humana existir na ausência de um cérebro vivo? Há evidências confiáveis relativas a essa questão, fornecidas por pessoas que tiveram experiências conscientes enquanto seus cérebros estavam clinicamente mortos. Elas alcançaram os portais da morte, mas voltaram. Essa experiência consciente é conhecida como EQM, sigla para experiência de quase morte.

As experiências de quase morte nos dizem que é possível ter uma experiência consciente durante o tempo em que o cérebro está temporariamente disfuncional. Disfunções cerebrais temporárias podem ocorrer em casos de doenças sérias ou de danos cerebrais, situações em que os sinais de atividade cerebral cessam, mas, logo em seguida, são recuperados. Se o tempo em que as funções cerebrais ficam inativas não exceder um limiar crítico — contado em segundos —, o cérebro pode recuperar seu funcionamento normal. Então, a consciência que estava previamente associada com esse cérebro pode reaparecer.

A manifestação de experiência consciente durante o tempo em que o cérebro está clinicamente morto é uma anomalia. Ela não é levada em consideração pelo atual paradigma materialista da ciência, para o qual a experiência consciente não passa de um produto das funções cerebrais. Esse paradigma sustenta que, quando essas funções cessam, a consciência que elas produziam também chega ao fim.

No entanto, evidências obtidas em casos documentados de EQMs mostram que a consciência nem sempre deixa de existir quando o cérebro está clinicamente morto. Experiências conscientes ocorridas durante esse período crítico nem sempre são lembradas, mas a lembrança ocorre com frequência significativa; em alguns estudos, em 25% dos casos documentados. Além disso, a lembrança é muitas vezes verídica: ela abrange coisas e eventos que uma pessoa com funções cerebrais normais teria vivenciado em um dado tempo e a um dado lugar.

Nos últimos quarenta anos, o fascínio que as EQMs têm despertado entre as pessoas está cada vez maior. Um grande número de sobreviventes de ataques cardíacos, acidentes de automóvel e doenças graves tem relatado experiências vivenciadas em um estado perfeitamente consciente. Não havia um nome amplamente reconhecido para qualificar essa experiência, nem um livro moderno escrito a respeito, até que Raymond Moody publicou *Life After Life* [*Vida Depois da Vida*], em 1975, e sugeriu "experiência de quase morte" como uma designação genérica para o fenômeno. Moody reuniu uma grande coleção de relatos de primeira mão, narrados por pessoas que retornaram de um estado de quase morte, e ficou impressionado com a consistência desses relatos. Ele observou que as experiências incluem diversas características essenciais, a que chamou de "traços". Os traços básicos são: uma sensação de estar morto; paz e ausência de dor; a experiência fora do corpo;* a experiência do túnel; encontros com membros da família e com outras pessoas de seu ambiente; rápida ascensão ao céu; relutância em retornar; revisão da vida passada; e encontro com um ser de luz.

---

* Em uma experiência fora do corpo, a pessoa que a vivencia tem percepções realizadas a partir de uma posição fora de seu corpo e acima dele, das quais ela garante a veracidade.

Relatos sobre tais experiências podem ser encontrados ao longo de toda a história. Um dos relatos mais antigos de experiência de quase morte foi registrado por Platão no Décimo Livro de *A República*, escrito por volta de 420 a.C. Platão descreve a experiência de Er, um soldado panfiliano morto em batalha. Quando seu corpo foi enviado à sua aldeia para a cremação, sua família notou que, mesmo depois de dez dias, o corpo não apresentava sinais de decomposição. No entanto, dois dias depois, eles prosseguiram com a cerimônia. Quando o corpo foi colocado sobre a pira funerária, Er, subitamente, reviveu. Exaltado, informou os pranteadores de que tinha "visto o mundo do além".

Platão escreveu:

> Ele disse que, quando sua alma saiu de seu corpo, ele iniciou uma jornada com outras almas e chegou a uma região misteriosa onde havia duas aberturas, lado a lado, na terra, e acima delas e em contraposição a elas, havia no céu duas outras aberturas. Os juízes estavam sentados entre elas. Assim que pronunciavam a sentença, eles ordenavam aos justos que se dirigissem à direita e seguissem pela estrada que subia até o céu, levando à sua frente um letreiro contendo o seu julgamento; e aos injustos que se dirigissem à esquerda, na estrada descendente, levando, eles também, mas atrás, um letreiro em que estavam indicadas todas as suas ações. Quando ele se aproximou, os juízes disseram-lhe que ele deveria ser para os homens o mensageiro do além e recomendaram-lhe que ouvisse e observasse tudo o que se passava naquele lugar.[1]

Platão descreveu como Er iniciou sua jornada e chegou a um lugar onde se encontrou com entidades desencarnadas que o estavam julgando. Havia, disse Er, muitos outros além dele ("um grande número de acompanhantes"). Depois do julgamento, por razões desconhecidas, Er foi informado de que ele precisava retornar e informar aos vivos o que havia testemunhado.

Nos últimos anos, a EQM esteve sujeita à observação controlada e à avaliação científica. Michael Sabom, um cardiologista especializado na reanimação de vítimas de ataque cardíaco, examinou, em particular, nos casos de que tratou, a recorrência dos traços básicos da EQM. Ele constatou que, dos 78 pacientes que entrevistara, 34 deles (43%) relataram uma EQM, e, desses, 92% experimentaram a sensação de estar morto, 53% tiveram a experiência fora do corpo, outros 53% experimentaram a ascensão ao céu, 48% tiveram a visão de um ser de luz, e 23%, a experiência do túnel. Todos os seus pacientes que tiveram EQM relataram relutância em retornar.[2]

O atual interesse pelas EQMs voltou a se intensificar graças a um estudo clínico realizado ao longo de mais de duas décadas pelo cardiologista holandês Pim van Lommel. Van Lommel realizou entrevistas padronizadas com sobreviventes de ataque cardíaco alguns dias depois de serem reanimados, pacientes esses que haviam se recuperado o bastante para se lembrar de suas experiências e recontá-las. Ele lhes perguntou se conseguiam se lembrar do período de inconsciência e do que se recordavam desse período. Ele codificou as experiências relatadas pelos pacientes de acordo com um índice ponderado. Van Lommel descobriu que 282 dos 344 pacientes não tinham lembrança do período de ataque cardíaco, mas 62 relataram alguma lembrança do que havia acontecido durante o tempo em que estiveram clinicamente mortos e, desses, 41 tiveram uma EQM "profunda". Entre todos os pacientes que tiveram uma EQM, metade estava consciente de estar morto e todos esses tiveram emoções positivas. Entre eles, 30% tiveram uma experiência do túnel, observaram uma paisagem celestial ou se encontraram com pessoas mortas. Um quarto dessa porcentagem teve uma experiência fora do corpo, comunicou-se com "a luz", ou viu cores, 13% passaram por uma revisão da vida, e 8% perceberam a presença de uma fronteira entre a vida e a morte.[3]

Um estudo realizado por Bruce Greyson, nos Estados Unidos, envolveu 116 sobreviventes de ataque cardíaco. Dezoito desses pacientes relataram lembranças do período de parada cardíaca; desses, sete relataram uma experiência superficial e 11 tiveram uma EQM profunda. Greyson concluiu que um claro *sensorium* e complexos processos perceptivos ocorridos durante um período de morte clínica aparente desafiam o conceito de que a consciência está localizada exclusivamente no cérebro.[4] Os pesquisadores britânicos Sam Parnia e Peter Fenwick concordaram. Os dados sugerem, escreveram eles, que as EQMs de fato surgem durante a inconsciência. Isso é surpreendente, pois, quando a disfuncionalidade do cérebro é tão grave que o paciente encontra-se em estado de coma profundo, as estruturas cerebrais que sustentam a experiência subjetiva e a memória devem estar seriamente prejudicadas. Experiências complexas não deveriam surgir nem ser retidas na memória.[5]

UMA AMOSTRAGEM DE CASOS DOCUMENTADOS DE EQM

Uma ampla variedade de casos testemunha a presença de consciência durante um período em que o indivíduo está clinicamente com morte cerebral. Um caso notável foi relatado em agosto de 2013. A mídia britânica foi despertada de seu torpor de fim de verão por um artigo que trazia "notícias quentes". Essas notícias comentavam os inesperados resultados de experimentos realizados em cérebros de ratos pelo doutor Jimo Borjigin, da Universidade de Michigan, e por uma equipe de pesquisadores. Os resultados desses experimentos foram publicados no periódico *Journal of the Proceedings of the National Academy of Sciences.*

"Esse estudo, realizado em animais, é o primeiro a lidar com o que acontece com o estado neurofisiológico do cérebro moribundo", disse o principal autor do estudo, o doutor Borjigin. "Pensávamos que, se a experiência de quase morte provém da atividade do cérebro, correlações neurais da consciência deveriam ser identificáveis em seres humanos ou animais mesmo depois da cessação do fluxo sanguíneo no cérebro."[6]

A equipe de Borjigin anestesiou cada um dos ratos e, por meios artificiais, parou seu coração. Nesse ponto, o cérebro do rato deixou de receber o fluxo de sangue, e isso significa que o acesso ao oxigênio foi interrompido. Para um cérebro funcionar, ele precisa de energia, a energia fornecida pelo oxigênio transportado pelo sangue. No entanto, ficou claro, com base nos resultados, que não apenas ocorreu atividade cerebral onde não se esperava que houvesse mais, como também houve maior atividade que a de um cérebro em estado de vigília normal. Isso sugere que antes da morte ocorre um aumento súbito de atividade cerebral. O cérebro parece estar processando informações e pode estar apresentando uma experiência à consciência.

Um relato anterior sobre uma EQM humana se refere à experiência ocorrida em novembro de 1669, em Newcastle, sobre o, Rio Tyne, no nordeste da Inglaterra (ou, em alguns relatos, em Gales do Sul). O relato foi divulgado em um panfleto religioso, escrito pelo doutor Henry Atherton e publicado em Londres, em 1680. Anna, irmã de Atherton, de 14 anos, estivera doente por algum tempo, e, por fim, pensou-se que tivesse morrido. A mulher que a acompanhava usou o único método disponível na época para se certificar de que ela havia, de fato, morrido: colocar um espelho diante de sua boca e do seu nariz. Não havia nenhum sinal de respiração. Em seguida, colocaram-se carvões aquecidos ao rubro em seus pés e não houve nenhuma reação. Sem dúvida, ela estava em um estado que hoje seria chamado de "morte clínica". No entanto, posteriormente, ela se recuperou. Quando voltou a ser capaz de se comunicar, descreveu como havia visitado o céu e lá fora guiada por um anjo. Foi-lhe mostrado o seguinte:

> "Coisas gloriosas e indizíveis, como Santos e Anjos e todos em maravilhosos adornos." Ela ouviu "Música Divina, Coros Religiosos e Aleluias que não se assemelhavam a nada deste mundo". Ela não teve permissão para entrar no Céu, mas o anjo disse-lhe que "ela precisava voltar por algum tempo, se despedir dos seus amigos e depois de pouco tempo ela seria admitida".

Como fora previsto por seu "Anjo", Anna morreu quatro anos depois e, de acordo com o panfleto, ela partiu "com grande confiança em sua felicidade futura".[7]

Enquanto se encontrava em seu estado de quase morte, Anna relatou ter visto pessoas que ela tinha conhecido, todas já mortas. Mas havia um indivíduo que, até onde Atherton sabia, ainda estava vivo. No entanto, posteriormente, ela descobriu que essa pessoa havia morrido algumas semanas antes.[8]

A mais antiga pesquisa sistemática conhecida sobre experiências nas quais um indivíduo chega perto da morte, mas sobrevive, foi realizada pelo geólogo suíço Albert Heim, na década de 1870. Como também era um alpinista de percepção aguçada, Heim tinha ouvido histórias de seus companheiros sobre estranhos estados de consciência experimentados em quedas, como resultado de acidentes de escalada. Seu interesse foi estimulado por seu próprio combate com a morte em 1871, quando ele caiu de uma altura de 21 metros de um penhasco nos Alpes. Ele disse que, tão logo percebeu o que estava acontecendo, o tempo começou a desacelerar, e ele deslizou para um estado alterado de consciência. Ele descreve esse estado da seguinte maneira:

> A atividade mental tornou-se extremamente intensa, acelerando-se até uma velocidade cem vezes maior que a normal... Eu vi toda a minha vida passada aparecendo em muitas imagens, como se ocorressem em um palco, a alguma distância de mim... Tudo foi transfigurado como que por uma luz celestial, sem ansiedade e sem dor... Pensamentos elevados e harmoniosos dominavam e uniam imagens individuais, e, como uma música magnífica, uma calma divina varreu a minha alma.[9]

Essa experiência foi discernida com grandes detalhes, embora pareça ter ocorrido em um microssegundo de tempo real:

> Eu me vi como um menino de 7 anos indo para a escola e, em seguida, na sala da quarta série com meu querido professor Weisz. Expressei minha vida em ações como se estivesse em um palco para o qual eu olhava, com os olhos voltados para baixo, a partir da galeria mais alta do teatro.[10]

Durante um intervalo estimado em cerca de três segundos, Heim vivenciou uma revisão de sua vida.

Um caso celebrado e o caso de uma celebridade

Depois da publicação de *Vida Depois da Vida*, de Moody, em 1975, houve um aumento de interesse por experiências de quase morte, e muitos casos foram relatados. Um dos mais célebres ocorreu em abril de 1977, no Harborview Medical Center, de Seattle, no Estado de Washington.[11] Uma assistente social, Kimberly Clark, tinha sido solicitada como acompanhante de uma operária emigrante que estava se recuperando de um ataque cardíaco agudo. Informaram a Clark que a mulher, conhecida como Maria, havia sofrido dois ataques cardíacos e que o segundo ocorrera no hospital, enquanto ela estava se recuperando do primeiro. A equipe de especialistas estava presente, e Maria foi ressuscitada com sucesso.

Maria estava plenamente consciente quando Clark entrou em seu quarto. Na verdade, ela parecia encontrar-se em um estado de excitação. Em um inglês vacilante, mas preciso, Maria explicou que havia experimentado uma estranha série de sensações enquanto estava inconsciente. Ela descreveu como havia testemunhado sua ressuscitação a partir de uma posição fora e acima do seu corpo, observando listagens escoando das máquinas de monitoramento que mediam seus sinais vitais. Em seguida, ela disse que algo lhe chamou a atenção do lado de fora. A partir de sua nova localização, perto do teto, ela podia enxergar o lado de cima da cobertura que abrigava a entrada do hospital e, ao fazer isso, conseguiu ver algo singular. Ela decidiu investigar. Transportada por sua força de vontade, ela se viu fora do hospital e flutuando em algum ponto do espaço afastado do solo.

Quando Maria se deu conta do que estava acontecendo, ela percebeu que conseguia se movimentar e olhou ao redor. Notou que o misterioso objeto estava localizado no parapeito de uma janela do terceiro andar no lado do hospital mais afastado de onde ela estava. Mais uma vez dirigida por sua força de vontade, ela descobriu que podia se projetar através do espaço até ficar perto do objeto. Para sua surpresa, descobriu que o que lhe chamara a atenção era o pé esquerdo de um tênis masculino, especificamente um tênis azul-escuro com uma pequena área desgastada na posição do dedo mínimo e um único cadarço enfiado sob o calcanhar. Com essa imagem em mente ela se viu de volta ao seu corpo quando a equipe com seu equipamento de choque a trouxe de volta à vida.

Kimberly ficou fascinada com o relato de Maria e concordou em verificar se ela de fato vira algo que existia fora de sua imaginação. Saiu do hospital e caminhou olhando para o terceiro andar, mas nada conseguiu ver do nível do chão. Então, voltou a entrar no edifício e começou a procurar sala por sala no andar acima daquele onde ficava o local em que ocorrera a ressuscitação. Kimberly não conseguiu ver nada, mesmo quando pressionou a cabeça contra a janela para ter uma visão melhor. Mas, por fim, e para sua grande surpresa, ela achou o tênis. Entrou em um quarto do terceiro andar na ala norte e localizou o tênis, embora, do ponto de observação dentro do hospital, ela não pudesse ver a área desgastada nem o cadarço enfiado na parte de trás do tênis. Clark, mais tarde, conseguiu recuperar o tênis e confirmar que a área acima da posição do dedo mínimo estava, de fato, desgastada, como Maria havia descrito. É claro que a evidência de que o cadarço estava "enfiado dentro" do tênis se perdeu assim que este foi movido.

Em agosto de 1991, outro caso foi relatado; dessa vez, as circunstâncias que cercaram a experiência não só foram testemunhadas por médicos profissionais como também as condições fisiológicas extremas que facilitaram a experiência foram deliberadamente criadas por eles.[12]

A célebre cantora Pam Reynolds, de 35 anos, sofrera um aneurisma da artéria basilar. Uma grande artéria na base do seu cérebro desenvolvera um bloqueio, fazendo com que ela se enchesse de sangue e inflasse como um balão. Ela ameaçava explodir, o que resultaria na morte de Pam. Era necessário agir sem nenhuma demora. No entanto, o local do aneurisma era extremamente problemático.

Para eliminar cirurgicamente o bloqueio, o suprimento de sangue para a artéria precisaria ser interrompido. Em seguida, os cirurgiões abririam o crânio de Pam, eliminariam o bloqueio e fariam qualquer reparo necessário na artéria e no tecido ao seu redor. Esse processo exigiria um tempo mínimo de uma hora para ser completado com sucesso. Sabe-se, porém, que qualquer interrupção do suprimento de sangue ao cérebro por mais do que alguns minutos teria consequências fatais. Um processo recentemente desenvolvido, conhecido como "*standby*", ofereceu uma solução aos médicos. Esse processo requer que o paciente receba anestesia geral: assim que a anestesia passa a surtir efeito, o corpo do paciente é lentamente resfriado, o que produz um estado que os médicos chamam de "animação suspensa por hipotermia induzida". Em seguida, o coração é parado e o sangue é drenado para fora da cabeça. Todas as funções cerebrais param. Todas as funções cerebrais cessam. O eletroencefalograma torna-se isoelétrico (traçado plano), ou seja, não mostra nenhuma atividade elétrica mensurável. O paciente está, de fato, em situação de morte cerebral.

A cirurgia de Pam Reynolds foi um sucesso, e ela sobreviveu para viver outros dezenove anos. No entanto, Pam teve uma experiência enquanto se encontrava em estado de atividade cerebral zero. Quando seu cérebro voltou a funcionar normalmente, ela descreveu em detalhes o que havia ocorrido na sala de cirurgia, inclusive a canção que estava sendo tocada (*Hotel California*, da banda Eagles). Ela descreveu uma série de conversas que ocorreram. Relatou ter observado seu crânio ser aberto pelo cirurgião a partir de uma posição acima dele, descrevendo em detalhe o "Midas Rex", um dispositivo para cortar ossos, bem como o som característico que ele fazia. No entanto, durante esse tempo, em cada um dos ouvidos de Pam havia um fone de ouvido especialmente projetado para silenciar todos os sons externos. Os alto-falantes estavam irradiando cliques audíveis, usados para confirmar que não havia atividade em seu tronco cerebral. Ela não seria capaz de ouvir coisa alguma. Além disso, ela havia recebido anestesia geral e, portanto, estava completamente inconsciente.

Quando ouviu a serra para o osso ser ativada, cerca de 90 minutos após o início da cirurgia, Pam viu seu corpo do lado de fora e sentiu ser puxada para dentro de um túnel de luz. No fim do túnel viu sua avó e outros parentes falecidos. Então, um tio lhe disse que ela tinha de retornar. Ela sentiu que ele a empurrava de volta para dentro de seu corpo, e, ao entrar nele, descreveu sua experiência como "mergulhar em uma piscina de água gelada... doeu".[13]

O caso de Will Murtha

Uma EQM relativamente recente envolveu um jovem chamado Will Murtha. No outono de 1999, ele decidiu dar um passeio de bicicleta ao longo do quebra-mar perto de sua casa, em Dawlish, na costa sul da Inglaterra. A maré estava muito alta naquela tarde, e o tempo estava tempestuoso. Ondas golpeavam o quebra-mar a intervalos regulares. De repente, uma grande onda o atingiu atirando-o para fora da bicicleta. Ele chegou a se erguer do chão, mas, nesse meio-tempo, uma segunda onda o atingiu, atirando-o ao mar.

Depois de alguns segundos, Will conseguiu subir à superfície. Era um nadador de porte robusto e, como jovem esportista semiprofissional, também tinha uma boa forma física. No entanto, quando olhou para cima, para o alto quebra-mar, soube que sair da água não seria fácil. Ele então percebeu que a maré estava retrocedendo e deixando a praia. Sentiu ser arrastado para as águas mais profundas do estuário do Rio Exe. A noite estava chegando e não havia ninguém à vista. As luzes de Dawlish piscaram, mas não havia ninguém olhando para o mar. Will sabia que estava em apuros. Passou a gritar por ajuda, mas em vão. Começou a sentir o frio enregelante da água penetrar em sua carne. Podia se manter flutuando até que sua energia se dissipasse, mas não podia impedir a hipotermia. Sentiu o frio intenso subir por seu corpo. Compreendeu que seu corpo estava paralisando. Ele estava morrendo.

Então percebeu que um intenso sentimento de paz passou a descer sobre ele. Olhou para cima, para um grupo de gaivotas que voava em círculo. Compreendeu que fazia parte delas e que elas faziam parte dele. Então olhou para trás, para o quebra-mar que recuava incessantemente, e soube que ele também fazia parte dele. Percebeu que tudo estava relacionado como uma consciência única. Houve um *flash* de luz, e tanto o mar como o frio desapareceram.

Ele se viu correndo por uma estrada em East London. Era um dia quente de verão e ele não prestava atenção em nada nem em ninguém. Estava de volta ao tempo de criança. Por um segundo, ficou confuso e em seguida ouviu um guinchar de freios. Olhou para cima e viu a frente de um carro mover-se em direção a ele, em alta velocidade. Não tinha nenhuma chance de sair do caminho. Olhou para a capota do carro e viu o rosto de uma jovem mulher fitá-lo com horror. Ouviu um estrondo e teve uma sensação de enjoo, e tudo ficou escuro.

Em seguida, ele estava no corredor de entrada de sua casa em Dawlish. Precisou de um momento para perceber que flutuava perto do teto. Notou que batiam à porta. Viu sua mulher e suas filhas descerem pelo corredor e abrirem a porta da frente. Junto a ela estava um oficial de polícia. Escutou com atenção ele explicar que um corpo fora atirado à praia em Dawlish e eles tinham motivos para acreditar que a pessoa que havia morrido era o senhor William Murtha.

A cena se desvaneceu, e ele estava de volta à água, esperando para morrer. Ele tivera um *flashback* de sua própria infância, quando fora atingido por um carro. Ele havia esquecido os detalhes, mas agora revivenciara o evento com todos os pormenores. Ele também partilhara do horror e da culpa da mulher que o havia atropelado. Ele sabia por que ela não tinha conseguido frear o carro a tempo. Ela notara um furo em sua meia e se distraíra. Ele percebeu que havia visto o futuro, ou um futuro possível, caso não conseguisse sair logo da água.

Felizmente, Will Murtha foi flagrado naquele fim de tarde por alguém que olhava por um telescópio.* Puxado para fora da água com as costelas quebradas e um grave caso de hipotermia, ele sobreviveu. O policial não havia batido à porta da frente de sua casa para transmitir a notícia de sua morte.[14]

Os relatos da enfermeira Penny Sartori

No inverno de 2006, foi publicado um artigo no *Journal of Near-Death Studies*, o periódico revisado por colegas especialistas da Associação Internacional de Estudos de Quase Morte (International Association of Near-Death Studies — IANDS). Intitulado "A Prospectively Studied Near-Death Experience with Corroborated Out-of-Body Perceptions and Unexplained Healing" [Uma Experiência de Quase Morte Prospectivamente Estudada com a Corroboração de Percepções Fora do Corpo e Cura Inexplicável], era uma revisão das evidências de que, durante experiências de quase morte estimuladas por ataque cardíaco, alguns sujeitos teriam se visto fora do corpo e, durante esse estado, conseguiram observar o que se passava ao seu redor. Em geral, o ponto de observação ficava perto do teto da sala de operação. O principal autor desse artigo era Penny Sartori, uma jovem enfermeira que, em sua primeira noite em uma enfermaria, encontrou um paciente que vira sua mãe pouco antes de ele morrer. Com doutorado em estudos sobre a quase morte, Penny adquirira a perspicácia necessária para testar tanto a natureza verídica do estado fora do corpo como as virtudes de cura que esse tipo de experiência pode manifestar.

Uma série de EQMs foi relatada a Penny por pacientes que sobreviveram a um estreito combate com a morte. Em um dos casos, uma mulher perdera a consciência depois de uma operação. Penny estava com essa mulher quando ela recuperou os sentidos. Ela descreveu para Penny como vira sua mãe morta em um túnel de luz. Disseram-lhe que ainda não havia chegado sua hora e que ela precisava voltar. Outra mulher, recuperando-se de um ataque de asma que lhe ameaçara a vida, contou à jovem enfermeira que durante o ataque ela fora dominada por uma intensa sensação de calma e de paz e, em seguida, se viu flutuando acima de seu corpo estendido na cama. Então, flutuou pelo quarto e em direção a um armário junto ao canto. Quando atingiu uma posição acima do topo do armário, notou que lá havia uma ratoeira. A próxima coisa que ela soube foi que flutuava em direção a uma luz branca brilhante. Dentro da luz, conseguia ver figuras se movendo. Essas figuras lhe diziam que ela precisava voltar. Foi o que ela fez e, ao recuperar a consciência, informou à enfermeira sobre a ratoeira no topo do armário. Chamaram um faxineiro para trazer uma escada. Ao subir por ela e olhar para o armário a partir de cima, ele confirmou que, de fato, havia uma ratoeira no topo do armário, situada em um local totalmente fora do campo de visão para qualquer pessoa de altura normal.[15]

Ao longo de um período de cinco anos, Penny conduziu um estudo prospectivo na Unidade de Terapia Intensiva (UTI) do Hospital Morriston, em Swansea, em Gales do Sul. Ela colocou símbolos escondidos sobre o topo do monitor cardíaco de cada paciente, que se prendia à parede ao lado da cama. Como ficava acima da altura da cabeça, não podia ser visto por um paciente deitado na cama. Na verdade, não podia ser visto nem que o paciente estivesse de pé. Para garantir que os símbolos só ficassem visíveis a partir de cima, ela os escondia atrás de saliências sobre os monitores. Um caso particular envolveu um homem de 60 anos que se recuperava de complicações subsequentes a uma cirurgia de câncer no intestino. Logo depois da operação, ele desenvolveu envenenamento do sangue e falência múltipla de órgãos, mas parecia estar a caminho da recuperação. Sentado em uma cadeira perto da cama, ele parecia estar aflito, notou uma enfermeira. Foi nesse estágio que chamaram Penny para ajudar. Em seu artigo, ela descreveu suas ações da seguinte maneira:

> O autor sênior (P. S.) então ventilou manualmente o paciente com 100% de oxigênio fornecido por meio de uma bolsa autoinflável da marca Ambu, e a queda no nível de oxigênio foi retificada. Embora sua oxigenação permanecesse estável, acima de 94%, a pressão arterial do paciente caiu em seguida para 85/50 milímetros de mercúrio, sua pele se tornou muito fria e pegajosa, e sua condição deteriorou-se rapidamente. Houve um breve episódio de taquicardia supraventricular que se reverteu espontaneamente sem o uso de qualquer medicamento... Por volta da ocasião em que foi colocado na cama, estava inconsciente, seus olhos estavam fechados e ele não respondia ao comando verbal nem a estímulos dolorosos profundos.[16]

Isso foi motivo de grande preocupação para a fisioterapeuta que fora responsável por persuadir o paciente a sair da cama e se sentar na poltrona. Penny escreveu que a terapeuta permaneceu perto dos monitores, de pé, ao lado da cama, nervosa e remexendo intermitentemente a cabeça para checar o estado do paciente.[17] Quando a condição dele se estabilizou, notou-se que ele estivera salivando. Uma enfermeira o limpou, usando de início um longo catéter de sucção e em seguida uma esponja oral rosa embebida de água. Durante 30 minutos, o paciente não apresentou sinais de estar alerta e demorou três horas para recuperar totalmente a consciência.

No entanto, quando ele o conseguiu, estava exaltado. Não conseguia falar, pois permanecia ligado ao aparelho de ventilação, mas recebeu da fisioterapeuta uma prancheta com letras móveis, para montar palavras. O que ele soletrara deixou perplexos todos os presentes, inclusive um grupo de médicos e enfermeiros. "Eu morri e vi tudo lá de cima." Infelizmente, Penny foi chamada para outro atendimento, mas, quando o paciente se recuperou, ela o entrevistou. Ele fez o seguinte relato:

> Tudo de que posso me lembrar é de olhar para cima e de estar flutuando em uma sala de cor rosa brilhante. Eu não conseguia ver nada. Estava apenas subindo e não sentia dor alguma. Olhei para cima uma segunda vez e pude ver meu pai e minha sogra de pé ao lado de um cavalheiro com cabelos negros e longos, que precisavam ser penteados. Vi meu pai — definitivamente eu o vi — e vi esse sujeito. Não sei quem era, talvez Jesus, mas ele tinha cabelos longos, negros e bagunçados, que precisavam de um pente. A única coisa bela a respeito dele era que seus olhos atraíam você para ele. Os olhos eram penetrantes. Eram os seus olhos. Quando olhei para o meu pai, ele também estava me atraindo com seus olhos, como se eu pudesse ver ambos [ao] mesmo tempo. E eu não sentia dor, de maneira alguma. Houve uma conversa entre mim e meu pai. Sem palavras, mas estávamos nos comunicando de outras maneiras, não me pergunte o quê, mas nós estávamos de fato conversando. Eu estava conversando com meu pai [...] não por meio de palavras que saíssem da minha boca, mas por meio da minha mente [...]. [18]
>
> Eu podia ver todas as pessoas presentes em pânico ao meu redor. A terapeuta-chefe, uma moça loira, estava em pânico. Ela parecia nervosa porque fora ela que me colocou na cadeira. Ela se escondia atrás das cortinas, mas continuava a remexer sua cabeça para verificar como eu estava. Eu também pude ver Penny, que era uma enfermeira. Ela estava tirando alguma coisa da minha boca,

que me pareceu um longo pirulito cor-de-rosa, como uma coisa longa e cor-de-rosa em uma varinha — eu não sabia o que era.[19]

O paciente então recebeu a informação de que tinha de voltar porque "ainda não estava pronto".

O retorno de Amanda Cable

Um relato ainda mais recente contém muitas características dos casos estudados por Raymond Moody, mas com um aspecto curioso. Ele apareceu no jornal inglês *Daily Mail*, em novembro de 2012, em um artigo redigido pela jornalista Amanda Cable. Ela descreveu como, em 4 de setembro de 2003, uma quarta-feira, ela se precipitou para o hospital com uma inesperada gravidez ectópica (isto é, seu bebê estava crescendo em uma de suas tubas uterinas). Logo que chegou ao hospital, descobriu-se que ela havia sofrido uma hemorragia interna. Recebeu morfina e foi colocada sob vigilância noturna na enfermaria do andar de cima. Às 3h30 da madrugada, acordou em agonia. Um médico rapidamente percebeu que havia algo muito sério acontecendo. Ela oscilava entre a consciência e a inconsciência. Ela relatou no artigo:

> Senti todo o meu corpo ser sugado para dentro da luz branca acima de mim. Eu me vi em um túnel branco — e sabia que havia morrido. Afastada das blasfêmias gritadas pelos médicos e dos sons agudos e repetitivos das máquinas, havia uma sensação maravilhosa de calma. Em vez de uma dor horrível, eu senti luz e clareza mental. Eu sabia o que estava acontecendo, mas não sentia medo. Eu sabia que tinha de me juntar aos meus entes queridos que já estavam do outro lado. Era uma aceitação tranquila e cálida. Mas eu também me tornei ciente de alguém que estava de pé a uma pequena distância de mim. Eu me virei, esperando ver minha avó, que havia morrido alguns anos antes.[20]

No entanto, Amanda então percebeu que, de pé ao lado dela não estava sua avó, mas sua filha Ruby. Naquele mesmo dia, Ruby, de 5 anos de idade, teria o seu primeiro dia de aula na escola. Na noite anterior, Amanda ficou aflita ao perceber que sua crise de saúde significaria que ela iria perder o grande dia da filha. Em prantos, ela enviara o marido, Ray, do hospital para casa com instruções estritas para não arruinar — sob nenhuma circunstância — o grande dia de Ruby, e que ele deveria se certificar de que o uniforme e os cabelos dela estariam em perfeita ordem. Mas, agora, eis que aqui estava Ruby no papel de um "ser de luz". Ela estava de pé junto à sua mãe, em seu novo uniforme da escola, com seus cabelos habilmente presos em cachos. Amanda relatou:

> Fiquei feliz, mas um pouco surpresa. Eu nunca a tinha visto trajando o seu uniforme, e ela nunca me deixou pentear seus cabelos em cachos. Ela sorriu para mim e segurou minha mão. "Venha comigo, mamãe", ela implorou. Eu a segui de volta pelo túnel branco. Ela continuou, virando para trás a fim de se certificar de que eu estava atrás dela. "Depressa, mamãe", ela pediu com insistência. No fim, se erguia um portão. Parei, sentindo uma ansiedade para voltar a descer pelo túnel, onde eu tinha certeza de que minha amada avó e outros membros da família já falecidos estariam me esperando. Mas a pequenina Ruby era insistente. "Mamãe, atravesse os portões AGORA!" Sua urgência trouxe-me de volta aos meus sentidos. Dei um passo atravessando o portão, e Ruby o fechou, batendo-o com força atrás de mim.[21]

A próxima coisa de que Amanda se lembra foi de despertar na unidade de tratamento intensivo. Ela ainda estava muito doente, mas sua experiência a convencera de que ela sobreviveria. Algumas horas depois, Ray apareceu, segurando na mão uma fotografia de Ruby tirada nos portões da escola. Ela vestia o seu uniforme escolar. Foi então que

Amanda notou os cabelos de sua filha. Obviamente, ela deixou que o pai, pela primeira vez, arrumasse seus cabelos nesse estilo que, antes, muito a desagradava. A garotinha da foto era uma imagem exata da criança que insistira para que Amanda não cruzasse o limiar após o qual não haveria retorno.

A EQM:
O QUE AS EVIDÊNCIAS NOS DIZEM

A grande variedade e a frequente ocorrência de experiências conscientes durante períodos em que o cérebro está clinicamente morto sugerem que a consciência pode permanecer ativa na ausência temporária das funções cerebrais.

Objeções de muitos tipos levantaram-se contra essa proposição, e algumas parecem bem fundamentadas. Ocorre, por exemplo, que a "experiência do túnel" e o aparecimento de uma luz brilhante no fundo podem ter origem em um súbito jorro de sangue no cérebro. Entre outros, os já citados experimentos de Borjigin mostraram que isso ocorre quando o organismo está ingressando em uma fase crítica próxima da morte. No entanto, percepções verídicas que ocorrem em muitos casos de EQM não têm uma explicação-padrão. Essa percepção ocorre na ausência de atividade cerebral mensurável, e, no entanto, ela iguala (ou até mesmo excede) a clareza da percepção que o sujeito teria em um estado normal de consciência desperta.

As EQMs não ocorrem em todos os casos em que indivíduos que estavam no limiar da morte retornam à vida. Mas essa não é uma objeção séria. Em primeiro lugar, porque as EQMs ocorrem de fato em um número significativo de casos: por exemplo, como vimos, van Lommel relatou que 62 de 282 pacientes em seu Estudo Prospectivo Holandês [Dutch Prospective Study] relataram passar por uma EQM. Em segundo lugar, porque um relato sobre uma EQM é a lembrança de uma experiência passada de um indivíduo e tal lembrança não aparece em todos os casos. Até mesmo experiências vívidas podem ser esquecidas ou relembradas apenas em estados alterados de consciência.

O que de fato é significativo a respeito da EQM é que a experiência consciente ocorre durante o tempo em que o cérebro está clinicamente morto. Esse fato tem sido bem documentado e pode-se considerar que está além da dúvida razoável.

2

Aparições e Comunicação Após a Morte

A EQM revela que podem ocorrer experiências conscientes mesmo quando o cérebro está clinicamente morto. Há vigorosas evidências em favor disso, pois elas se apresentam como relatos de primeira mão, feitos pelas próprias pessoas que tiveram as experiências. O que agora nos perguntamos é: "Será que a consciência também pode subsistir quando o cérebro está total e permanentemente incapacitado? A consciência pode existir além da morte?".

Relatos quanto a isso são bem menos sólidos que os relatos de EQMs pois são relatos de outra pessoa — ao que parece, a consciência ou o "fantasma" de uma pessoa — que não está mais viva. Essas experiências são, em parte, denominadas aparições e visões, e, em parte, denominadas comunicações após a morte, expressão popularizada por Bill e Judy Guggenheim em seu livro *Um Alô do Céu*.

Aparições, visões e visitações no leito de morte são amplamente difundidas. Seres não encarnados aparecem sem aviso e se comunicam com os seres vivos, às vezes fornecendo informações que são posteriormente verificadas. Na maioria dos casos, a aparição é de um indivíduo recém-falecido, um amigo ou membro da família. Raymond Moody coletou numerosos casos de tais "encontros visionários com entes queridos que partiram".

Encontros com espíritos têm integrado a cultura popular durante séculos. Desde a dramática entrada do fantasma de Banquo em *Macbeth*, de Shakespeare, até o melodrama envolvendo os amantes no filme *Ghost*, esses encontros têm sido regularmente representados na ficção. No entanto, há também relatos de encontros com pessoas desencarnadas nos quais informações reais, desconhecidas na época pelas testemunhas vivas, foram transferidas ao mundo dos vivos.

Em 1959-1960, o doutor Karlis Osis conduziu um levantamento massivo no qual ele perguntou a milhares de profissionais de assistência à saúde, em todos os Estados Unidos, a respeito das visões de seus pacientes junto ao seu leito de morte.[1] Ele recebeu 640 respostas baseadas na observação de 35 mil pacientes moribundos. Foi tamanho o sucesso desse estudo que outros logo se seguiram a ele. Em anos recentes, a pesquisadora Emily Williams Kelly informou que 41% dos pacientes moribundos em seu estudo relataram uma visão no leito de morte.[2]

Embora o fenômeno seja conhecido há séculos, o primeiro estudo sistemático foi realizado pela Sociedade de Pesquisas Psíquicas (Society for Psychical Research — SPR), em 1882. Os resultados foram publicados dois anos depois, no volume X das *SPR Proceedings*. Esse estudo foi seguido por uma pesquisa semelhante realizada nos Estados Unidos e pelo astrônomo francês Camille Flammarion. Em 1925, Flammarion publicou uma obra de enorme influência intitulada *A Morte e seu Mistério*, na qual apresentou um grande número de casos de contato espontâneo com pessoas falecidas.

Em maio de 1988, Bill e Judy Guggenheim criaram o ADC Project [Projeto CAM, Comunicação Após a Morte], a primeira pesquisa aprofundada a respeito desse fenômeno. Eles coletaram mais de 3.300 relatos pessoais de indivíduos que acreditavam com convicção terem sido contactados por entes queridos que haviam morrido. Seu livro *Um Alô do Céu* descreve esse projeto e contém 353 dos relatos mais consistentes.

Na maioria dos casos, o contato é espontâneo, mas também pode ser intencionalmente induzido. O contato induzido e até mesmo a comunicação com o falecido são fenômenos mais ou menos recentes. Não é a mesma coisa que o contato e a comunicação por meio de um médium, pois a indução do fenômeno está limitada à criação de um estado de consciência adequado nos próprios sujeitos que a vivenciam. Uma vez que esse estado tenha sido atingido, os sujeitos podem se comunicar por conta própria. O psicoterapeuta Allan Botkin, chefe do Center for Grief and Traumatic Loss, em Libertyville, Illinois, afirmou que ele e seus colegas foram bem-sucedidos em induzir a comunicação após a morte em quase 3 mil pacientes.[3]

De acordo com Botkin, as CAMs podem ser induzidas em 98% das pessoas que tentam realizá-las. Em geral, a experiência acontece em uma única sessão. No que os experimentadores acreditam antes da sua comunicação após a morte, sejam eles religiosos, agnósticos ou ateus, não faz nenhuma diferença no resultado dessa comunicação. Esta não se limita a uma relação pessoal com o falecido. Veteranos de combate podem entrar em contato com um soldado inimigo assassinado por eles sem saber.

Não há necessidade de psicoterapeutas guiarem seus sujeitos: basta que induzam o estado alterado de consciência necessário. Então, eles ouvem seus pacientes descreverem a comunicação com uma pessoa falecida que conheciam e pela qual estão de luto, ouvem esses pacientes insistirem no fato de que sua reconexão é real e constatam que eles mudam de um estado de sofrimento para outro, de euforia e alívio.

ALGUNS CASOS DE APARIÇÕES ESPONTÂNEAS E DE COMUNICAÇÃO APÓS A MORTE

Na década de 1840, o interesse a respeito da capacidade dos desencarnados de se comunicar com os vivos passou de vagos relatos sobre fantasmas e aparições para uma tentativa aparentemente "em comum acordo" com os espíritos dos mortos para abrir canais de comunicação com os vivos.

A nova fase começou em 1848, com eventos em uma pequena casa em Hydesville, Nova York.[4] A família Fox mudara-se para essa casa alguns anos antes. Ela já havia adquirido uma reputação local de ser mal-assombrada. Certa noite de março desse ano, as jovens filhas da família, Kate e Margaret, afirmaram ter ouvido ruídos de batidas e que essas batidas ou pancadas respondiam a instruções. Por exemplo, elas pediram à fonte dos sons para que lhes dissesse quais eram suas respectivas idades. Ouviu-se uma série de doze pancadas seguida por outra série de quinze ruídos idênticos. O interesse foi tanto que, dentro de alguns dias, vizinhos ficaram atentos a esse fenômeno assombroso. Rapidamente, as garotas desenvolveram um código de comunicação. Com isso, a entidade podia enviar mensagens. Elas deram ao espírito o nome de "Mr. Splitfoot". Mais tarde, por meio do código, o espírito identificou-se como o fantasma de um caixeiro-viajante chamado Charles B. Rosa, que foi degolado na casa cinco anos antes por alguém chamado Charles Bell. As pancadas em seguida informaram às meninas que seu corpo estava enterrado três metros abaixo das tábuas do piso do porão.

No verão seguinte, o porão foi escavado e restos humanos foram encontrados a uma profundidade de 1,5 metro. Tudo isso foi um desenvolvimento intrigante, mas seria uma evidência de contato real com um espírito?[5]

Os eventos em Hydesville geraram um fascínio público por fantasmas e espíritos. Isso foi inflamado pela mídia de massa da época, que alimentava a demanda por histórias sensacionais de assombrações e comunicações com os espíritos. Além disso, autores, rapidamente, também descobriram uma oportunidade, e muitos livros foram escritos narrando arrepiantes e pavorosos contos de horror. Isso logo se espalhou através do Atlântico e, por volta do início da década de 1880, toda uma indústria do entretenimento fora desenvolvida para satisfazer à necessidade do público por sensacionalismo.

Foi contra esse pano de fundo de confusão que *sir* William Barrett, professor de física do Royal College of Science, de Dublin, organizou um encontro de cientistas, acadêmicos e espiritualistas para discutir esse fenômeno social crescente. O grupo reuniu-se pela primeira vez em 5 de fevereiro de 1882 e, depois de uma discussão complexa e detalhada, concordou em montar uma organização para investigar cientificamente as reivindicações que estavam sendo feitas em relação à mediunidade e à sobrevivência da consciência depois da morte do corpo. Eles concordaram em que essa nova organização seria chamada de Society for Psychical Research (SPR). Menos de um mês depois, em 20 de fevereiro de 1882, a sociedade foi formalmente constituída sob a presidência de Henry Sidgwick, professor de estudos clássicos da Universidade de Cambridge. O conselho consistia em dezoito membros, que incluíam o próprio Barrett, os proeminentes acadêmicos de estudos clássicos F. W. H. (Frederic William Henry) Myers e Edmund Gurney, o clérigo e célebre médium W. Stainton Moses, um cético bem-intencionado, Frank Podmore, e outro eminente erudito clássico chamado W. H. Salter.[6]

O grupo, de imediato, começou a pesquisar as evidências de sobrevivência, e, em 1886, foi publicado um livro escrito por Gurney, Myers e Podmore. Intitulado *Phantasms of the Living*, esse imenso volume consistia em mais de 1.300 casos minuciosamente investigados de visitações após a morte, manifestações fantasmagóricas e outros fenômenos afins. Muitos dos casos envolviam aquilo que foi chamado de "aparições de crise". Para Gurney, Myers e Podmore, isso era evidência de que havia alguma coisa a mais envolvida, e eles concluíram que se tratava de uma forma de telepatia.

Posteriomente, Eleanor Sidgwick, a mulher do presidente da SPR, Henry Sidgwick, elaborou um questionário, que foi distribuído para 17 mil pessoas. Nele se indagava se, durante a vida desperta, o respondente já havia escutado uma voz desencarnada, se já havia tido uma visão de alguém que morrera ou se já percebera quaisquer sensações que lhe pareceram não ter nenhuma causa física. Os resultados mostraram que 1.684 pessoas haviam experimentado pelo menos uma dessas sensações. Destas, 300 envolviam visões de pessoas que morreram. O que despertou particular interesse por parte da SPR foi que, desses 300 casos, 80 envolviam uma visitação de uma pessoa que morrera nas doze horas anteriores. De importância ainda maior foi o fato de que, em 32 desses incidentes, a pessoa que fora visitada não sabia que o visitante em questão havia morrido.[7]

Aparições: três casos

Certa manhã bem cedo, um coronel da Artilharia Real, de quem não se sabe o nome, foi visitado pelo fantasma de um amigo íntimo que acabara de ser assassinado na África do Sul. Nas primeiras horas de 29 de janeiro de 1881, o coronel foi despertado de seu sono por um sobressalto. Ele olhou ao redor da cama e, na luz esmaecida do início da manhã, viu uma figura de pé entre a cama e a cômoda. Imediatamente, reconheceu que era um de seus companheiros oficiais, o major Poole. Sua figura estava um tanto desalinhada e tinha uma barba negra compacta. Vestia o uniforme-padrão do Exército Britânico quando havia partido para climas mais quentes. Isso incluía uma jaqueta cáqui e um capacete colonial. Durante um segundo ou dois, o coronel ficou confuso. Ele e Poole haviam sido designados juntos para ocuparem postos na Irlanda alguns anos antes, e, em seu estado semidesperto, o coronel pensou que ele havia voltado ao quartel:

> Eu disse: "Olá, Poole! Estou atrasado para a parada?". Poole olhou para mim fixamente e respondeu: "Levei um tiro". "Tiro", exclamei. "Bom Deus, como e onde?" "Atravessou os pulmões", respondeu Poole, e enquanto falava sua mão direita se moveu lentamente para cima do peito até seus dedos pousarem sobre o pulmão direito.[8]

Poole explicou que ele tinha sido enviado por seu general e então apontou para a janela e desapareceu. Mais tarde naquela manhã, o coronel agitado e perturbado visitou o London Club e descreveu para seus colegas oficiais o que havia ocorrido horas antes. No dia seguinte, ele leu em um jornal que o Major Poole fora assassinado na Batalha de Laing's Neck, exatamente na mesma hora em que a aparição surgiu em seu quarto. Intrigado, o coronel estava ansioso para descobrir que tipo de uniforme Poole usava no momento de sua morte, se ele de fato estava com a barba espessa (ele nunca deixara sua barba crescer nos 23 anos em que os dois homens tinham sido amigos) e, por fim, qual a natureza da ferida fatal.

Uma pesquisa posterior realizada pela Society for Psychical Research confirmou que Poole levara um tiro no pulmão direito, como a aparição havia anunciado. Ele tinha sido "enviado para o campo de batalha" por seu comandante e estava com a barba espessa.

O elemento mais intrigante da história era o uniforme. O Exército Britânico tinha apenas recentemente, e de maneira um tanto apressada, substituído a túnica vermelha brilhante tradicional por uma cor cáqui menos visível. Também uma inovação, usada até aquele momento apenas no Transvaal, era o "Sam Browne", um cinto de couro com uma alça também de couro que passava por cima do ombro. Em sua descrição da aparição, o coronel afirmou que Poole estava usando "uma alça de couro marrom... que cruzava sobre seu peito. Um cinturão de couro marrom, com a espada pendurada no lado esquerdo e o coldre do revólver no direito, passava em torno de sua cintura".[9]

O segundo caso de aparição foi relatado a Eleanor Sidgwick, em abril de 1890, por um homem cujo nome era A. B. Wood. O senhor Wood havia entrevistado uma mulher chamada Agnes Paquet e, posteriormente, verificou os fatos com o marido dela, o senhor Peter Paquet.[10]

De acordo com o relato de Wood, no dia 24 de outubro de 1889, a senhora Paquet havia acordado às 6 horas da manhã, como sempre fazia. Por alguma razão, ela se sentia muito "triste e deprimida". Mais tarde, depois que seu marido havia saído para trabalhar e seus filhos tinham ido para a escola, ela decidiu que talvez um chá forte elevasse seu estado de espírito. Ela se dirigiu à despensa e, quando entrou, viu a imagem do seu irmão Edmund na frente dela. Ele estava de pé, de costas para ela, e parecia pender para a frente com duas cordas, ou um laço de corda, envolvendo suas pernas. Mais tarde ela descreveu a imagem da seguinte forma para o seu marido:

> Declarei que o meu irmão, como o vi, estava sem o quepe, vestia uma pesada camiseta azul de marinheiro, sem casaco, e havia passado por cima da amurada ou baluarte. Notei que as calças estavam enroladas o suficiente para mostrar o forro branco de dentro. Também descrevi a aparência do barco no ponto em que meu irmão foi ao mar.

Às 10h30 daquela manhã, Peter Paquet recebeu um telegrama de Chicago, entregue em seu escritório. Nele, Peter foi informado de que seu cunhado, Edmund Dunn, afogara-se acidentalmente enquanto servia como bombeiro em um rebocador chamado *Wolf*. Às 3 horas da madrugada ele ficara preso em uma corda de reboque e fora atirado ao mar. Imediatamente, Peter dirigiu-se para casa a fim de dar à sua esposa as más notícias. No entanto, ele decidiu dar a notícia aos poucos e, ao chegar, disse que o irmão dela estava doente em um hospital em

Chicago. Agnes respondeu que já sabia que seu irmão havia morrido afogado. Ela acrescentou a descrição precisa citada antes. Em seguida, descreveu a aparência do barco do qual Edmund havia caído no mar.

Peter Paquet deixou sua mulher em casa e foi a Chicago para obter mais informações a respeito do acidente. Quando chegou ao cais, logo que encontrou o *Wolf*, ficou surpreso ao descobrir que sua mulher havia descrito, com uma precisão impressionante, a parte do navio em que o acidente tinha ocorrido. Como nem ele nem Agnes tinham visto o rebocador antes, isso foi muito surpreendente para ele. Ao conversar com a tripulação, eles confirmaram que Agnes havia descrito com exatidão o que Edmund estava usando quando foi arrastado ao mar:

> Eles disseram que o senhor Dunn havia comprado um par de calças alguns dias antes do acidente, e como elas estavam um pouco compridas, franzindo na altura dos joelhos, ele as usou enroladas, mostrando o forro branco como minha mulher o vira.[11]

Mais tarde, foi confirmado por outro membro da tripulação que Edmund havia sido apanhado pelo cabo de reboque da maneira descrita por sua irmã e atirado ao mar.

A descrição que a senhora Paquet fez da imagem de seu irmão era quase holográfica na sua qualidade. Ela foi capaz de perceber detalhes precisos sobre a roupa que ele usava e, o que é ainda mais importante, também percebeu a corda de reboque que provocou sua morte. Há muito tempo ocorrem longas discussões a respeito das roupas que cobrem as imagens dos fantasmas. Se apenas a alma está retornando, como podem roupas inanimadas também "retornar dos mortos", quando elas, é óbvio, nunca estiveram vivas desde o começo? Mas aqui temos algo mais complexo, pois a corda de reboque também fazia parte da imagem espectral. Tudo isso sugere que aquilo que Anna Paquet viu naquela manhã, em sua despensa, não era um mensageiro fantasmagórico com a intenção de comunicar as circunstâncias de sua morte à sua irmã, mas alguma forma de imagem gravada que se manifestou dentro do campo visual de uma jovem mulher.

O terceiro caso de aparição foi extraído do levantamento que Eleanor Sidgwick realizou em 1885. Ela relata o caso de uma mulher que estava em seu leito de morte. Essa mulher era muito bem organizada e estava focada em seus negócios. No entanto, de repente ela parou e anunciou que podia ouvir anjos cantando. Ela, então, parecia intrigada. Afirmou: "Mas é estranho, pois há uma voz entre eles que eu tenho certeza de que conheço e não me lembro de quem é". A essa altura, ela apontou para um local afastado da cama anunciando com surpresa: "Por que ela está ali no canto da sala? Ela é Julia X".

Julia "X" era uma cantora treinada, que tinha sido contratada pela mulher seis ou sete anos antes para trabalhar com algumas crianças locais. O acordo durou uma semana, e então Julia se afastou do trabalho para se casar. Por isso, foi surpreendente para todas as pessoas envolvidas que essa cantora havia aparecido na alucinação da mulher moribunda. No dia seguinte, 13 de fevereiro de 1874, a mulher morreu. E no dia seguinte a esse, 14 de fevereiro, um anúncio no *The Times* de Londres informava que Julia "X" tinha falecido recentemente.[12]

Os casos de Paquet e Julia X apresentam evidências de que uma pessoa viva pode, sob certas circunstâncias, receber informações a respeito da morte de outra pessoa. Em nenhum momento do encontro espectral entre Agnes e Edmund as ações de Edmund sugerem que ele está senciente ou motivado. Houve, no entanto, um caso em que a informação apresentada pela pessoa falecida foi tão significativa que serviu como prova para a defesa em um tribunal de justiça.

O caso Chaffin

Este caso ocorreu em 1925, na Carolina do Norte.[13] Em 16 de novembro de 1905, James Chaffin, da Carolina do Norte, elaborou um testamento no qual sua propriedade rural, de aproximadamente 413 mil m^2, deveria ser deixada para seu terceiro filho, Marshall. Embora testemunhado por dois amigos, o conteúdo desse testamento fora repartido apenas com Marshall e sua mulher, Suzie. Parece, no entanto, que James Chaffin mudou de ideia, e, em 1919, escreveu um segundo testamento, que ele colocou dentro da Bíblia da família. Nesse testamento, ele solicitou que a propriedade fosse dividida em partes iguais entre os quatro filhos, com a condição de que eles cuidassem da mãe. Ele foi negligente em não contar a ninguém sobre esse segundo testamento, nem deixou uma testemunha de que ele existia. No entanto, o testamento estava escrito à mão e, de acordo com a lei da Carolina do Norte, isso o tornava legítimo. Em 7 de setembro de 1921, Chaffin, então com cerca de 70 anos, veio a falecer em consequência de uma queda.

Como ninguém sabia da existência do segundo testamento, toda a propriedade foi para o seu terceiro filho. As coisas, então, tomaram um rumo curioso. Em 1925, o segundo filho de Chaffin, James "Pink" Chaffin, começou a ter uma série de sonhos no qual o pai aparecia para ele. De início, o sonho envolveu apenas uma imagem do pai. No entanto, em um dos sonhos a imagem de James Chaffin falou. A figura do sonho afirmou: "Você encontrará meu testamento no bolso do meu casaco". Pink, ao investigar o destino do casaco do seu pai, descobriu que sua mãe o havia dado para seu irmão mais velho, John, que vivia cerca de 32 quilômetros de onde ele morava. Em julho de 1925, Pink e sua filha Estelle, juntamente com um amigo da família, Thomas Blackwelder, foram de carro até a casa de John Chaffin, explicaram sobre o sonho, e então os dois decidiram verificar o casaco. Não havia nada nos bolsos, mas eles sentiram algo no forro. Nele estava costurada uma pequena nota escrita à mão com as palavras: "Leia o Capítulo 27 do Gênesis na velha Bíblia do meu pai".

Ao encontrar a Bíblia de seu avô, um bem valioso do homem profundamente religioso que era James Chaffin, em um aposento do andar de cima, os irmãos verificaram as páginas do vigésimo sétimo capítulo.

As páginas estavam dobradas e dentro delas foi encontrado o testamento de 1919. De igual importância talvez seja o fato de que aquele capítulo, o 27 do Gênesis, narrava uma parábola sobre como um irmão engana o outro para ficar com a herança.

Marshall morreu de doença cardíaca em 7 de abril de 1922, cerca de um ano depois de seu pai; sua mulher, Susie, herdou tudo. Não causou nenhuma surpresa o fato de ela ter contestado o segundo testamento. Um processo judicial ocorreu, e o testamento de 1919 foi apresentado ao tribunal. A viúva de Chaffin reconheceu que era a escrita do marido, e os três irmãos vivos, sem dúvida, concordaram. Em uma manobra surpreendente, Susie também aceitou que a escrita era de fato de seu sogro. Parece que foi feito um acordo e Susie, como viúva de Marshall, teria uma parte igual. A decisão foi proferida, e o testamento de 1919 passou a vigorar. Mais tarde, o segundo filho escreveu:

> Muitos dos meus amigos não acreditam que é possível para os vivos manter comunicação com os mortos, mas estou convencido de que meu pai de fato apareceu para mim... e eu vou acreditar nisso até o dia da minha morte.[14]

Cerca de um ano depois, a Society for Psychical Research (SPR) promoveu uma investigação sobre essa prova aparentemente poderosa de sobrevivência após a morte. Em 1927, depois de uma investigação detalhada, o advogado local contratado pela SPR escreveu para ela em Londres afirmando que o testamento era autêntico e que a história, embora improvável, era verdadeira. No entanto, o oficial honorário da SPR, W. H. Salter, ainda estava longe de ser convencido. Ele acreditava que o irmão mais velho, John, com a ajuda do terceiro irmão, Abner, tinha falsificado o testamento e levado Pink a acreditar que ele vira o fantasma de seu pai. Salter sugeriu que John havia entrado secretamente uma noite no quarto de Pink vestindo o casaco de seu pai. Desde essa ocasião, voltou-se a escrever sobre esse caso repetidas vezes.

Ele continua a ser um dos exemplos mais enigmáticos e poderosos de sobrevivência da consciência após a morte até hoje registrados.

Casos de visões e visitações no leito de morte

Como já observamos, Penny Sartori é reconhecida como uma das principais pesquisadoras sobre experiências de quase morte. Quando ainda era uma enfermeira estagiária, Sartori estava prestes a fazer seu primeiro turno da noite. Quando a mudança desse turno estava acontecendo, ela foi informada por uma de suas colegas que certo paciente morreria dentro de duas a três horas. Penny ficou muito surpresa com a segurança com que sua colega fez essa afirmação e lhe perguntou por que ela tinha tanta certeza. "Porque ele está falando com sua mãe morta", foi a resposta. Penny verificou a situação clínica do homem algumas vezes na hora seguinte, e em todas as ocasiões ele estava olhando de modo fixo, com os olhos claramente focalizados, para algo no quarto que só ele podia ver. Ele murmurava baixinho, como se estivesse mantendo uma conversa com alguém. Parecia feliz e positivo. E, como a enfermeira previra, ele morreu naquela noite.

Essa introdução à enfermagem voltada para cuidados paliativos com pacientes terminais foi tão profunda que, ao longo dos anos, ela manteve uma estreita vigilância sobre as expressões faciais e o comportamento geral de pacientes que se aproximavam do fim. Alguns faziam um gesto em direção a alguém que não podia ser visto ou, de repente, um olhar de reconhecimento aparecia no rosto da pessoa que estava morrendo, como se ela estivesse vendo um ente querido há muito perdido. O que Penny observou não era nada novo. Tais coisas já estavam sendo observadas durante pelo menos um século antes do encontro de Penny com o desconhecido. Na verdade, foi em 1882 que Frances Power Cobbe publicou um livro que discutia a maneira pela qual os moribundos têm um vislumbre do outro mundo enquanto ainda estão neste.

Cobbe deu ao seu livro o nome *The Peak in Darien*, referência a um poema de John Keats de mesmo nome, no qual os conquistadores espanhóis, conduzidos por Cortez, olham a paisagem a partir de um pico em Darien (agora Panamá). Em vez de terem uma visão esperada da selva estendendo-se até o horizonte, o que eles viram foi um oceano desconhecido, o Pacífico. Para Cobbe, certos vislumbres do outro mundo envolvem, por vezes, um fato estranho: o moribundo relata a visão de alguém que, sendo desconhecido para ele, já havia morrido.[15]

Em 1926, *sir* William Barrett, da SPR, publicou um livro intitulado *Death-Bed Visions*. Um caso citado por ele era particularmente notável. Envolvia uma jovem chamada Doris, que estava morrendo de uma hemorragia após o nascimento de seu bebê. Enquanto entrava e saía do estado de consciência, ela teve uma visão de seu pai aproximando-se dela. Ele tinha morrido alguns anos antes, e claramente ela percebeu isso como uma mensagem do além, que lhe informava ter chegado a sua hora de morrer. Preocupada, a equipe médica decidiu que era necessário recorrer a uma ação drástica para tirá-la desse estado de morbidez. Seu bebê foi levado até ela em uma tentativa de estimular o seu desejo de viver. Isso produziu o efeito desejado na medida em que lhe provocou uma crise. Doris se sentiu obrigada a ficar aqui pelo bem de seu bebê recém-nascido, mas também estava ciente de que um novo mundo maravilhoso se mostrara disponível para ela.

Nessa fase, as circunstâncias poderiam ser consideradas como uma espécie de sequência onírica. Ela sabia que seu pai estava morto, de modo que isso não era surpresa. No entanto, em seguida ela também viu sua irmã, Vida, juntar-se a seu pai em sua visão. Isso confundiu Doris, pois, até onde ela sabia, Vida ainda estava viva. O que ela não sabia era que Vida tinha de fato falecido três semanas antes, mas, por causa de seu estado, Doris não tinha sido informada. Barrett ficou tão impressionado pela aparição de Vida que deu início a um estudo sistemático, o qual foi então publicado em seu livro.[16]

O caso Neil Allum

No início de 2013, foi descrito, para um dos autores deste livro, um evento que era um caso clássico de comunicação após a morte, mas transmitido por meio de um serviço de atendimento telefônico.[17]

Neil Allum era um motorista de caminhão para viagens de longa distância, vindo de Bootle, em Liverpool. Tinha licença para conduzir veículos de mercadorias pesadas (HGVs, da sigla em inglês) há mais de dezoito anos. Gostava do seu trabalho, mas isso significava que tinha de ficar longe de sua família, de sua companheira Lee Mainey e de seus dois filhos, por dias a fio. Em geral, suas viagens do Reino Unido para outros países da Europa não o incomodavam. No entanto, algo muito estranho se passava em sua mente no fim de semana de 10 e 11 de setembro de 2005. Ele "desenterrou" todos os seus documentos do seguro e discutiu detalhadamente o que queria que acontecesse em seu funeral. Essa atitude foi estranha. Neil tinha apenas 39 anos de idade e boa saúde. Na verdade, ele e Lee tinham escolhido uma data de abril seguinte para se casar.

Neil não estava sozinho no que diz respeito a esse sentimento de mau presságio. A irmã de Lee, Donna Marie Sinclair, teve sensações semelhantes. Ela estava recebendo imagens em sua mente de um policial com uma jaqueta luminosa batendo à porta da frente da casa de Lee com más notícias. Donna não conseguia afastar essas imagens espontâneas e as discutiu com sua prima. Ela era uma dona de casa prática, realista, sem nenhum interesse por qualquer coisa sobrenatural. No entanto, há muitas semanas, como ela mesma descreveria mais tarde, ela vinha sentindo um "estado de compreensão" (*knowingness*) cada vez que olhava para Neil. Muitos anos antes, Donna e Neil fizeram um pacto segundo o qual, se ele ficasse em apuros, ele discutiria o assunto com ela ao telefone. De fato, ao longo dos anos ele havia telefonado a Donna duas vezes para pedir-lhe conselhos e ajuda.

Na segunda-feira, 12 de setembro, Neil partiu em seu caminhão para uma curta viagem de volta para a Holanda. A viagem foi tranquila até que algo terrível aconteceu a alguns quilômetros de sua casa. Nos arredores de Liverpool, duas autoestradas, a M57 e a M58, juntam-se a outra estrada maior, a A59, em um lugar chamado Switch Island. Esse foi, durante muitos anos, um notório gargalo de tráfego. Obras na rodovia tinham começado pouco tempo antes a melhorar a situação. Talvez seja particularmente importante o fato de que Neil tenha dito muitas vezes aos seus colegas de trabalho e familiares que Switch Island era uma armadilha mortal. Quando ele entrou na estrada, nas primeiras horas da quarta-feira, 14 de setembro, o caminhão de Neil bateu nas barreiras de concreto que ficavam do lado da estrada, esmagando a cabine do motorista. Depois de ter sido retirado dos destroços, Neil foi declarado morto no local do acidente.

Um policial trajando uma jaqueta luminosa foi encarregado de ir até a casa de Lee, em Bootle, para lhe dar a notícia. Lee telefonou para Donna, que, imediatamente, correu para dar apoio à irmã.

Durante as duas semanas seguintes, Donna esteve envolvida com as questões que resultam de um caso de morte acidental. Por fim, em 28 de setembro, ela voltou para casa. À sua espera, na secretária eletrônica do telefone, havia uma série de mensagens de amigos e parentes preocupados, além de uma mensagem confusa da parteira de sua filha (a filha de Donna estava grávida na época). As mensagens se encontravam no serviço de atendimento digitalizado BT 1571, conectado aos computadores principais da British Telecom. Depois de alguns toques, todas as chamadas são desviadas para esse serviço. A fim de garantir a precisão da gravação das chamadas, o serviço é ligado diretamente a um relógio que está sempre 100% correto, uma vez que o serviço é digital e a interferência é impossível. Donna começou a se aprofundar nas chamadas. Cada mensagem tinha data e hora assinaladas. Ela foi informada de que a próxima mensagem foi recebida às 14h15 no sábado, 17 de setembro de 2005. Ela ficou um tanto surpresa ao ouvir estalos altos e distorções que lembravam ruídos de estática. O que ela ouviu em seguida foi uma voz masculina que dizia: "É Neil, Donna está aí, por favor?". A mensagem foi, então, interrompida por mais estática e distorção. Em seguida, uma voz feminina apareceu: "Olá, você está aí? Eu devo estar com uma linha cruzada". Donna reconheceu imediatamente ambas as vozes. A primeira era sem dúvida de Neil, e a segunda era da parteira. A mensagem, então, terminou.

Donna entrou na mesma hora em contato com o serviço de localização de defeitos da British Telecom. Ela foi informada de que linhas cruzadas eram impossíveis com esse serviço e que as datas e as indicações de tempo eram sempre precisas e não tinham nenhuma relação com o telefone de destino. Desse modo, mesmo que na casa de Donna tivesse ocorrido uma perda de energia elétrica, isso só iria reajustar o relógio no aparelho local e não teria nenhuma influência no serviço da British Telecom. Donna contou ao técnico que a precisão nesse caso era impossível, pois a pessoa na gravação tinha sofrido um acidente e morrido três dias antes da gravação. O técnico ficou quieto por alguns segundos e, em seguida, respondeu com o seguinte comentário: "Você vai se surpreender ao saber que isso já aconteceu antes", e aconselhou-a a fazer uma pesquisa na *web* sobre chamadas telefônicas de pessoas mortas.

Donna ainda não estava convencida. Ela concluiu que deveria ter havido algum retardamento causado pelo telefone celular de Neil; talvez a mensagem tivesse se atrasado por causa do serviço de mensagens do telefone celular. Ela discutiu isso com a polícia, apenas para descobrir que os dois telefones celulares de Neil foram destruídos pelo impacto do acidente. No entanto, como parte de sua investigação, a polícia fez uma análise forense no cartão SIM e descobriu que a última chamada de Neil tinha sido feita para o número da casa de Donna, dezenove dias antes.

Pelo que parece, fenômenos de visões e aparições não são fora do comum. Assim como também parece que pessoas falecidas há pouco tempo surgem de vez em quando para os vivos, até mesmo para se comunicar com eles.

APARIÇÕES E CAMs:
O QUE AS EVIDÊNCIAS NOS DIZEM

O contato com pessoas falecidas é um fenômeno generalizado. Ocorre na maioria das culturas e em várias épocas da história. Os povos indígenas reconheciam o seu contato com parentes falecidos: suas culturas falam de seus contatos com antepassados, que eles honram e veneram como se estivessem vivos. No mundo moderno, esse tipo de contato é uma anomalia: não tem nenhuma explicação plausível. Afirmações segundo as quais as pessoas falecidas podem ter consciência e podem ser contactadas são consideradas "esotéricas".

Para a mente moderna, as aparições e comunicações após a morte são ocorrências questionáveis e até mesmo ilusões completas. Elas sugerem a crença na comunicação com um espírito ou uma alma imortal. Uma explicação plausível de como a consciência poderia subsistir além do cérebro superaria tanto os preconceitos dos céticos como os dos religiosos. Nesse caso, muito mais aparições, visões e exemplos de comunicação após a morte seriam vivenciados por pessoas comuns e relatados sem medo do ridículo e sem que elas precisassem recorrer a doutrinas religiosas.

Porém, mesmo com uma explicação secular convincente, os fenômenos podem vir a ocorrer apenas em alguns casos, e não em outros. Pode ser que, até mesmo em uma situação em que tanto a entidade falecida que se comunica como o receptor vivo encontram-se em um estado adequado para a comunicação, as condições que favorecem essa comunicação sejam relativamente raras. Sabe-se que fenômenos "espirituais" e "transpessoais" ocorrem principalmente em estados alterados de consciência, e esses estados não são comuns no mundo moderno.

No entanto, não é a frequência do contato e da comunicação após a morte o que nos interessa aqui, mas a sua ocorrência real. O fato de que esse tipo de contato e comunicação pode ocorrer é vigorosamente sugerido pelas evidências. E as evidências mostram que, em alguns casos, "alguma coisa" que manifesta um sentido de eu e carrega lembranças da existência física, e de vez em quando aparece revestida por um corpo físico, está se comunicando com um indivíduo vivo. Essa "alguma coisa" pode ser o que as tradições espirituais e religiosas chamam de espírito ou alma e o que as tradições populares julgam ser um fantasma. Podemos considerá-la como uma forma de consciência. Concluímos que há evidências plausíveis de que, de vez em quando, "alguma coisa" que parece ser a consciência de uma pessoa já falecida manifesta-se para um indivíduo vivo.

3

A Comunicação Transmitida por Médiuns

No Capítulo 2, examinamos casos em que o contato com uma pessoa falecida ocorre de maneira espontânea ou então é induzido introduzindo-se o sujeito vivo em um estado alterado de consciência. Vamos agora examinar mais de perto os casos em que esse tipo de contato ocorre por meio de um médium. Este, em geral, se encontra em um estado alterado de consciência conhecido como "transe", a partir do qual ele canaliza as mensagens e intuições que recebe. O processo não é essencialmente diferente dos casos de contato espontâneo ou induzido; a diferença é que se acrescenta a ele uma terceira entidade. Em vez de o próprio sujeito encontrar-se em um estado alterado de consciência, é o médium que entra em tal estado. O sujeito — conhecido como "consulente" (*sitter*, isto é, "a pessoa que está sentada") — mantém-se em um estado normal, ouvindo as mensagens ou, se elas são anotadas no papel, lendo-as.

A mesma questão surge no que diz respeito à comunicação transmitida por um médium, assim como para o contato direto com uma pessoa já falecida. Que nível de credibilidade nós podemos atribuir à evidência de que a comunicação com uma pessoa falecida tenha de fato ocorrido? Uma vez que não é o próprio sujeito que experimenta essa comunicação, mas uma terceira pessoa, essa é uma questão difícil de decidir. A terceira pessoa relata de maneira plausível o que está vivenciando? E sua experiência tem de fato origem no comunicador não encarnado? É concebível que o relato tenha origem em uma pessoa viva e seja transmitido para o médium de maneira não revelada, talvez por meio de percepção extrassensorial?

Para atingir a credibilidade adequada, precisamos de casos em que as evidências excluam as possibilidades expressas por todas essas dúvidas. Fazer isso não é o mesmo que exigir certeza absoluta, pois, no que diz respeito a fenômenos empíricos, há sempre um elemento de incerteza. Mas se nós encontrarmos pelo menos um punhado de casos em que o nível de credibilidade se aproxima da certeza razoável, teremos obtido evidências de que algo anômalo é efetivamente vivenciado pelo médium. Vamos rever aqui alguns casos de comunicação transmitida por um médium e onde esse nível de certeza, se não é absolutamente alcançado, está pelo menos próximo disso.

AS VARIEDADES DE COMUNICAÇÃO TRANSMITIDA POR MÉDIUNS

A comunicação, transmitida por um médium, com pessoas falecidas divide-se em duas categorias básicas: transmissão física e transmissão mental. As evidências de transmissão física manifestam-se por meio de eventos observáveis supostamente produzidos ou transmitidos pelo médium, tais como batidas (as chamadas *raps*), movimentação de objetos e materialização de objetos; e, de vez em quando, até mesmo manifestação de indivíduos desencarnados. Esse tipo de evidência é problemático porque está altamente sujeito a fraudes — muitas dessas manifestações, talvez todas, exigem escuridão total ou quase total. Ele também é problemático porque não existe atualmente nenhuma explicação científica concebível para o efeito físico produzido pela entidade que se comunica ou pelo médium que canaliza essa entidade. Por essas razões, não incluímos nessa revisão fenômenos como a materialização de pessoas ou de objetos e efeitos físicos semelhantes.

É mais fácil lidar com evidências de contato estabelecido por um médium com pessoas falecidas por meio da transmissão mental. Esse tipo de evidência ocorre em vários graus de clareza e complexidade. A mais simples e mais clara dessas formas é, como o próprio nome diz, a clarividência: o médium, em um estado de consciência relativamente normal, alega ver ou ouvir algo de amigos ou parentes falecidos do consulente e transmite o contato com eles. Esse contato pode ser realizado em linguagem simples ou por meio de sinais ou ocorrências que simbolizam o significado da comunicação.

Uma forma de mediunidade mental mais complexa, mas ao mesmo tempo mais comum, exige que o médium entre em um estado de transe. Nesses casos, a consciência do médium, pelo que parece, é dominada por uma inteligência externa que assume o controle sobre sua fala, sua escrita e, talvez, também sobre seu comportamento. Nas formas mais intensas desse tipo de transmissão, a mente e o corpo do médium parecem estar possuídos por completo pela inteligência externa. Por exemplo, quando a senhora Leonora Piper, uma médium muito conhecida de Boston, entrava em transe, ela podia ser ferida com instrumentos cortantes ou perfurantes e até mesmo ter um frasco de amônia mantido sob seu nariz sem que isso produzisse qualquer efeito. Poucos minutos depois de entrar em transe, ela falava com a voz da inteligência externa.

Médiuns em transe parecem ter a capacidade de sentir, ouvir e ver coisas que estão além da experiência sensorial das pessoas comuns. Essas capacidades são conhecidas como clarissenciência, clariaudiência e clarividência. Alguns "médiuns de transfiguração" podem até assumir a forma física da entidade que se comunica.

O AUMENTO DO NÚMERO DE COMUNICAÇÕES CONTROLADAS TRANSMITIDAS POR UM MÉDIUM

Os acontecimentos de Hydesville (descritos no capítulo anterior) deram origem a um novo fenômeno social — "o espiritismo" — que muito rapidamente se tornou uma espécie de religião nos Estados Unidos, com um grande número de indivíduos que afirmam ser capazes de falar com os desencarnados e de manifestar evidências físicas da presença de espíritos.

O espiritismo logo se espalhou da América para a Grã-Bretanha. Os meios de comunicação populares foram apanhados no entusiasmo com relatos sensacionalistas de acontecimentos psíquicos em sessões espíritas. Por volta da década de 1870, médiuns genuínos estavam misturados com indivíduos fraudulentos que procuravam lucrar com a nova moda. Jornais anunciavam produtos que podiam ser usados por médiuns e espíritas para criar ilusões e enganar o público. A mediunidade estava se tornando um espetáculo de massas semelhante aos atos de mágica realizados nas casas de espetáculos.

Foi no contexto desse clima frenético que a Society for Psychical Research (SPR) foi criada por Sidgwick, Barrett, Gurney, Moses, Podmore e Myers. O trabalho inicial da sociedade consistiu em investigar a comunicação espontânea entre os mortos e os vivos. Os eventos de 1848 em Hydesville sugeriram comunicação espontânea com uma entidade desencarnada. Não se tratava, obviamente, de "mediunidade" lucrativa para as irmãs Fox. Foi somente mais tarde, sob a supervisão de Leah, sua irmã mais velha, que Kate e Margaret começaram a manifestar o que se poderia reconhecer como habilidades mediúnicas.

A SPR e sua versão norte-americana, a American Society for Psychical Research (ASPR), que foi fundada em 1885, ficaram fascinadas com o fenômeno da mediunidade em todas as suas variações e, ao longo dos anos, investigaram as habilidades reivindicadas por muitos dos mais famosos médiuns.

O primeiro médium a ser investigado sob condições controladas foi James Eglinton. Nos primeiros dias, muitas diferentes formas de comunicação foram usadas pelos médiuns. Uma das mais populares era a "escrita automática". Acreditava-se que, sob certas condições, um espírito ou uma entidade incorpórea poderia tomar o controle da mão do médium e escrever mensagens, cartas e até mesmo livros inteiros. Em geral, eram usados um lápis e uma folha de papel, mas no caso de Eglinton era um pedaço de giz e uma lousa. Ficou claro que os dois pesquisadores que o investigaram, um jovem australiano, o doutor Richard Hodgson, e Eleanor Sidgwick, a autora do questionário de que falamos no capítulo anterior, não estavam convencidos. Eles disseram isso em um artigo publicado no *Journal of the Society for Psychical Research*, o periódico acadêmico da ASPR. Isso causou uma grande controvérsia e levou à demissão de William Stainton Moses. No entanto, Hodgson e a senhora Sidgwick provaram estar certos quando Eglinton foi exposto como uma fraude por outros pesquisadores. Esse não foi um bom começo. Era necessário encontrar evidências mais vigorosas.

ALGUNS CASOS APOIADOS POR EVIDÊNCIAS CONVINCENTES

Em 1894, fortes evidências precisam ter sido encontradas. F. W. H. Myers e o físico *sir* Oliver Lodge, outro membro eminente da SPR britânica, foram convidados pelo professor e fisiologista francês Charles Richet para participar de uma série de sessões em seu retiro de verão na ilha mediterrânea de Roubaud. Na verdade, eles foram convidados para testar as habilidades mediúnicas de uma mulher um tanto inculta do sul da Itália, chamada Eusapia Palladino. Ela já havia sido investigada pelo famoso psiquiatra italiano Cesar Lombroso, que estava convencido de que sua mediunidade era autêntica.

Palladino tinha sido presa por fraude no passado, na maior parte das vezes depois de usar grosseiros acessórios de palco ou de contar com a ajuda de um cúmplice. No entanto, em uma ilha isolada, sem qualquer ajudante, ela conseguiu provar, pelo menos até onde os três pesquisadores puderam ficar satisfeitos com a investigação que fizeram, que ela era capaz de produzir fenômenos genuínos. Mais tarde, eles foram reunidos pelos Sidgwick, que estavam menos impressionados, mas apesar disso concluíram que algo de importância científica estava ocorrendo. No entanto, quando os resultados foram publicados no *SPR Journal*, Hodgson foi altamente crítico quanto aos controles e protocolos aplicados durante as sessões.

Em julho de 1895, tentou-se resolver a questão de uma vez por todas. Palladino foi convidada para realizar uma série de sessões em Cambridge. Para o deleite de Hodgson e seus apoiadores, ela foi apanhada trapaceando. No entanto, algumas pessoas argumentaram que controles impossíveis foram colocados sobre ela, deixando-a com poucas opções, a não ser tentar uma série de recursos ilusionistas. Uma nova série de testes (onze ao todo) foi preparada para Palladino em 1908, em Nápoles. Durante essas onze sessões, observou-se uma série de fenômenos, concluindo-se que eram genuínos. Em seu livro *Is There an Afterlife?*, o falecido professor David Fontana, um respeitado filósofo britânico, apresentou uma lista do que foi observado pela equipe de investigação. O que é interessante a respeito dessa lista é que nenhum dos fenômenos observados envolveu qualquer coisa remotamente relacionada com a comunicação com espíritos. Consistia em uma lista de manifestações físicas, sendo que todas poderiam ter sido falsificadas usando cúmplices ou acessórios de palco.[1]

No entanto, a essa altura, a atenção de Hodgson tinha sido atraída para outra médium, que se mostrava extremamente promissora. Leonora Piper foi chamada por William James, em 1890, de "corvo branco". Com isso ele quis dizer que Leonora forneceu as evidências necessárias para provar que a mediunidade era um fenômeno verdadeiro de comunicação com os mortos. Seu guia inicial foi chamado de "Phinuit", um francês que não parecia compreender francês. David Fontana explica esse episódio pelo fato de que a própria senhora Piper não falava francês e que, por esse motivo, Phinuit "não poderia encontrar palavras francesas em sua mente em transe".[2] A senhora Piper tinha uma série de outros "controles", todos os quais manifestavam várias capacidades e níveis de conhecimento do idioma francês. (Um *controle* é uma pessoa que facilita a comunicação entre um médium e o comunicador presumivelmente falecido.)

A ASPR estudou a senhora Piper por alguns anos. Devido a problemas financeiros, naquela época a ASPR tornou-se uma sucursal da SPR, e o jovem cético Hodgson estava ansioso para constatar por si mesmo se as afirmações feitas a respeito da senhora Piper eram verdadeiras. Sua proposta foi aceita, e a senhora Piper foi convidada a ir a Londres para ser observada e avaliada.

Hodgson conduziu uma investigação aprofundada na qual mais de cinquenta consulentes foram reunidos, todos eles completamente estranhos para a senhora Piper. Ele tomou todas as precauções necessárias para impedir que a senhora Piper obtivesse de antemão informações sobre os consulentes. Eles foram introduzidos anonimamente ou sob um pseudônimo e só entraram no aposento depois de a senhora Piper ter entrado em transe. Eles ocuparam lugares atrás dela. No entanto, a senhora Piper trouxe à tona fatos que eles tinham certeza de que ela não poderia saber por meio da experiência comum. O próprio William James concluiu que a senhora Piper não poderia ter coletado tais informações por meios naturais.

Um caso especialmente convincente foi o que envolveu George Pellew, conhecido pela senhora Piper como George Pelham (ou apenas como GP). Pellew, um jovem advogado de Boston, era muito cético quanto à possibilidade de vida após a morte, mas prometeu a Hodgson que, se ele morresse primeiro, faria tudo o que estivesse ao seu alcance para se comunicar com ele. Dois anos depois, aos 32 anos de idade, Pellew morreu em um acidente em Nova York. Logo depois, Hodgson organizou uma sessão com a senhora Piper. Ele trouxe consigo um jovem chamado John Hart, que fora um amigo muito próximo de Pellew. Durante a sessão, o "doutor Phinuit" transmitiu várias mensagens pessoais para Hart, convencendo-o de que ele era, de fato, o seu amigo que estava se comunicando com ele do além-túmulo. Foi tamanho o espanto de Hart com a precisão dessas mensagens que ele entrou em contato com Jim e Mary Howard, companheiros do falecido advogado e um casal conhecido por seu ceticismo com relação a tais comunicações *post-mortem*. Três semanas depois, os Howard, usando nomes falsos, participaram de outra sessão da senhora Piper. Muito rapidamente, o próprio Pellew pareceu assumir o controle da senhora Piper. Falando por intermédio da médium, registrou-se o que Pellew disse: "Jim, é você? Fale comigo depressa. Eu não estou morto. Não pense que estou morto. Estou muito contente de ver você. Você pode me ver? Não está me ouvindo? Transmita meu amor a meu pai e diga-lhe que eu quero vê-lo. Estou feliz por você estar aqui e mais ainda porque eu acho que posso me comunicar com você. Tenho pena daquelas pessoas que não podem falar".

Howard respondeu, falando por intermédio da senhora Piper: "O que você faz, George? Onde você está?", Pellew respondeu: "Eu quase não consigo fazer nada ainda. Eu mal acabei de despertar para a realidade da vida após a morte. Era como a escuridão. Eu não conseguia distinguir nada no começo. As horas mais escuras logo antes do amanhecer, você sabe disso, Jim. Fiquei intrigado, confuso. Devo ter uma ocupação em breve. Agora eu posso ver você, meu amigo. Eu posso ouvir você falar. Sua voz, Jim. Posso distinguir seu sotaque e sua articulação, mas soa como um bombo. A minha soaria para você como o mais débil sussurro". Howard: "Nossa conversa, então, é algo parecido com um telefonema?". "Sim." Howard: "Um telefonema de longa distância". GP riu. Howard: "Você ficou surpreso ao perceber que continuou vivo?" GP: "Com certeza. Muitíssimo surpreso. Eu não acreditava em uma vida futura".

Falando por intermédio da senhora Piper, logo em seguida GP reconheceu pelo nome 29 dos trinta consulentes que Hodgson tinha introduzido na sessão, com exceção de uma jovem que era criança quando Pellew a conheceu. GP manteve um diálogo com cada um dos consulentes, mostrando um conhecimento íntimo de seu relacionamento com eles. GP nunca cumprimentou nenhum dos outros 120 consulentes, a quem não havia conhecido durante a vida.

Hodgson sabia que a senhora Piper nunca havia conhecido Pellew quando ele estava vivo. Por isso, parecia quase impossível que ela pudesse tê-lo personificado com tanta precisão, a ponto de trinta pessoas que Pellew conhecera não terem dúvida de que foi de fato o falecido Pellew que falou com elas.

Em 1898, Hodgson passou a acreditar piamente na autenticidade das transmissões da senhora Piper. Ele escreveu: "Atualmente, eu não posso declarar que tenho qualquer dúvida de que os 'comunicadores' principais a quem me referi... são de fato as personalidades que afirmam ser, que eles sobreviveram à mudança a que chamamos de morte e que eles têm se comunicado diretamente conosco, a quem chamamos de vivos, por intermédio da senhora Piper, que se encontrava em estado de transe".[3]

As correspondências cruzadas

A senhora Piper também estava envolvida em uma série de experimentos que passaram a ser conhecidos como "correspondências cruzadas". Entre os anos 1888 e 1902, três membros fundadores da Society for Psychical Research (SPR) faleceram. Em 1888, Edmund Gurney morreu repentinamente, aos 38 anos de idade, do que suspeitaram ser um ataque de asma. Frederic Myers, seu amigo, faleceu em 17 de janeiro de 1901, e Henry Sidgwick se juntou a eles no ano seguinte. Os três foram uma grande perda para a SPR, mas, ao mesmo tempo, isso ofereceu uma oportunidade para a comunicação direta entre os dois mundos. Todos os três tinham afirmado que, quando estivessem do "outro lado", tentariam se comunicar e, ao fazer isso, dariam uma prova científica de que a consciência subsiste independentemente do cérebro.

Myers, autor da obra clássica em dois volumes *Human Personality and Its Survival of Bodily Death*, inventou o método das correspondências cruzadas. Esse método consiste em mensagens que não fazem sentido se forem consideradas de maneira isolada, mas adquirem significado quando reunidas. Um determinado médium receberia um elemento da mensagem potencialmente significativa, e essa mensagem não apenas iria além do conhecimento e da informação que estavam disponíveis para aquele médium (no caso de Myers, ela envolvia referências um tanto obscuras à literatura clássica), mas também não faria sentido por ela mesma. No entanto, várias mensagens desse tipo, recebidas por médiuns que não se mantinham em comunicação uns com os outros por qualquer forma conhecida, quando combinadas — às vezes depois de pesquisas consideráveis realizadas por estudiosos especializados —, formavam uma mensagem significativa.

Uma equipe de médiuns foi criada para facilitar essas comunicações. O grupo, no final, foi constituído por Margaret Verrall e sua filha, Helen, pelas senhoras Holland, Willett e King e por Leonora Piper. Pseudônimos destinados a proteger as verdadeiras identidades dessas mulheres. Na verdade, a "senhora Holland" era Alice McDonald Fleming, irmã do famoso escritor Rudyard Kipling. A "senhora King" era Dame Edith Lyttelton, romancista e ativista política, e a senhora Willett era Winifred Coombe-Tennant, membro da classe alta proprietária de terras. Com exceção da senhora Piper, nenhuma delas era médium profissional.

A intenção desse grupo era abrir a comunicação com os falecidos fundadores da SPR usando um tipo de mediunidade conhecido como automatismo. Este consistia em um médium segurando uma caneta apoiada contra um pedaço de papel e esperando que a caneta se movesse acionada por espíritos que tomassem o controle. Dessa maneira, mensagens escritas poderiam ser enviadas do outro lado para este. Ao longo de um período de cerca de trinta anos, uma série de médiuns transcreveu mais de 2 mil exemplos de escrita automática que, como se afirmou, teriam vindo diretamente de Myers, Sidgwick e Gurney. Esses trechos consistiam em alusões a obras literárias clássicas ou fragmentos dessas obras, o tipo de mensagem que seria típica de indivíduos altamente instruídos na época.

Pouco depois da morte de Myers, mensagens que presumivelmente vieram dele foram recebidas por médiuns em várias partes do mundo. Myers estava ciente do problema da credibilidade em relação às mensagens que supostamente proviessem de indivíduos falecidos e estaria fazendo muito esforço para superar qualquer dúvida razoável quanto à autenticidade de suas próprias mensagens. Não bastava para ele que o conteúdo de suas mensagens não fosse conhecido pelos médiuns que as reproduziriam por escrito. Ele procurou garantir que elas não seriam conhecidas por alguém com quem os médiuns poderiam ter entrado em contato. Mesmo se o contato do médium com outra pessoa viva não fosse direto e consciente, ele poderia ser indireto e inconsciente: as mensagens poderiam ser comunicadas ao médium por meio da telepatia ou pela clarividência. Foi para excluir até mesmo essa possibilidade evidentemente remota que Myers inventou o método das correspondências cruzadas. O nível de credibilidade no caso de Myers é significativo, uma vez que seria muito improvável que os médiuns que receberam suas mensagens parciais e, em si mesmas, sem sentido, tivessem, eles próprios, inventado essas mensagens. Além disso, a compreensão do seu significado, mesmo quando elas estivessem combinadas, exigiria um alto nível de conhecimento especializado da literatura clássica.

Depois de um período de tentativas (aparentemente para testar o método das correspondências cruzadas e estabelecer a credibilidade de suas mensagens), Frederic Myers começou a ditar mensagens longas para a médium amadora em transe chamada Geraldine Cummins. A senhorita Cummins não conheceu Myers em vida — ela era apenas uma criança quando ele morreu —, nem tinha nenhum conhecimento particular de literatura clássica. No entanto, os conteúdos das mensagens ditadas por Myers — publicados posteriormente em *The Road to Immortality* (Londres, 1932) e *Beyond Human Personality* (Londres, 1935) — foram tão autênticos que convenceram *sir* Lawrence Jones, ex-presidente da SPR e amigo próximo de Myers quando vivo, de que essas mensagens vieram de Myers. E elas impressionaram tanto *sir* Oliver Lodge que ele pediu ao desencarnado Myers por intermédio de Geraldine Cummins permissão para escrever um prefácio a elas. A senhora Evelyn Myers, viúva de Frederic Myers, também estava plenamente convencida: mais tarde, Evelyn convidou a senhorita Cummins para morar com ela em sua própria casa.[4]

O caso do poeta morto

Outro exemplo de mensagens transmitidas utilizando o método das correspondências cruzadas envolveu o poeta Roden Noel. Em 7 de março de 1906, a senhora Verrall começou uma sessão de escrita automática. As palavras "Tintagel e o mar que gemia de dor" apareceram na página. Isso não significava absolutamente nada para a senhora Verrall. Ela mostrou a frase a um membro associado da SPR, a senhorita Johnson, que reconheceu sua semelhança com o poema *Tintagel*, do poeta Roden Noel, de West Country.

Quatro dias depois, a "senhora Holland" recebeu uma mensagem automática de origem semelhante. Esta dizia: "Isto é para A. W. Pergunte-lhe o que a data de 26 de maio de 1894 significava para ele — para mim — e para F. W. H. M. Acho que eles não terão dificuldade para se lembrar, mas se tiverem — deixe que perguntem a Nora". Não sabendo o que isso significava, a "senhora Holland" enviou uma mensagem para a SPR em Londres.

Na verificação, descobriu-se que "A. W." se referia ao marido de Helen Verrall, o doutor Verrall, e F. W. H. M. a Frederic Myers. "Nora" era Eleanor Sidgwick. Todos eram bons amigos do poeta Roden Noel, o autor do poema associado com a mensagem recebida pela "senhora Holland" alguns dias antes. Depois se descobriu que a data em questão era o dia em que Roden Noel havia falecido.

Em 14 de março, na escrita automática da senhora Holland, apareceram as palavras "dezoito, quinze, quatro, cinco, quatorze, quatorze, quinze, cinco, doze" e, em seguida, a instrução para ler as oito palavras centrais do Apocalipse 13:18. Duas semanas depois, em 28 de março, a senhora Holland escreveu as palavras "Roden Noel", "Cornwall", "Patterson" e "você se lembra da jaqueta de veludo".

Outro membro da equipe, Alice Johnson, então secretária-honorária da SPR, verificou as oito palavras centrais do Apocalipse 13:18 e descobriu que elas formavam a frase "porque é o número do homem". Levando a sugestão ao pé da letra, ela voltou-se para os números 18, 15, 4, 5, 14, 14, 15, 5 e 12 e substituiu cada número pela letra correspondente no alfabeto. O resultado era o nome Roden Noel. Posteriormente, Alice Johnson descobriu que Noel usava regularmente um casaco de veludo, que "Cornwall" foi o tema de vários de seus poemas e, por fim, que A. J. Patterson era um amigo comum dele e de Sidgwick dos seus tempos de universidade. Nenhuma dessas informações era conhecida de qualquer membro do grupo.[5]

Esse foi apenas um entre o grande número de quebra-cabeças inteligentemente concebidos e criados pelas escritas automáticas geradas nas correspondências cruzadas. As mensagens ligadas só faziam sentido quando eram compreendidas em relação às outras mensagens recebidas por indivíduos independentes localizados em diferentes partes do país.

O caso Eileen Garrett

Outra série de mensagens bem elaboradas foi recebida mais tarde, em 1930. Quem as recebeu foi uma médium em transe, e elas vinham de alguém que havia morrido dois dias antes em circunstâncias trágicas, porém espetaculares. O receptor da mensagem era a médium irlandesa Eileen Garrett. Ao contrário de muitos de seus associados, Eileen aceitou que seu controle, um ser que se autodenominava "Uvani", era apenas um aspecto do seu próprio subconsciente. Em sua autobiografia, *Many Voices*, ela deixou essa opinião clara:

> Eu prefiro pensar nos controles como reitores, ou dirigentes, do subconsciente. Eu tinha, inconscientemente, adotado esses controles pelo nome durante os anos de treinamento inicial. Eu os respeito, mas não posso explicá-los.[6]

No entanto, qualquer que fosse a fonte de informação de Eileen, essa fonte provou ser precisa, sobretudo em relação às suas revelações sobre o acidente do R101, em 1930. Em 7 de outubro de 1930, Garrett foi ao National Laboratory of Psychical Research, em West London. Sua presença ali tinha sido preparada pelo investigador de fenômenos paranormais Harry Price, um homem conhecido por sua aversão à mediunidade fraudulenta. Na presença do próprio Price, Eileen estava tentando entrar em contato com o espírito do autor escocês *sir* Arthur Conan Doyle, que morrera no início daquele ano. No entanto, o controle de Eileen, Uvani, estava captando outras mensagens. Em um clássico caso de "*drop in*" ["visita casual"], Uvani anunciou o nome "Irving" ou "Irwin." De repente, outra voz interrompeu e deu uma série de declarações curtas e afiadas. Estas consistiram em frases como "a maior parte do dirigível era pesada demais para os motores", "a mistura de carbono e hidrogênio como combustível estava absolutamente errada" e "a nave não pôde ser balanceada e passou quase raspando pelos telhados em Achy".

Dois dias antes, em 5 de outubro de 1930, o dirigível britânico R101 caiu em um campo no norte da França e explodiu em chamas. Quase todos a bordo morreram. Um deles foi o piloto, o tenente-aviador H. Carmichael Irwin. Todos na sessão espírita estavam plenamente cientes do desastre, visto que foi manchete em todos os jornais. No entanto, um grande número de detalhes a respeito do acidente não foi divulgado para a mídia. Price estava interessado em saber a localização exata de "Achy," o lugar cujos telhados foram mencionados na mensagem. Ele examinou uma série de atlas e mapas convencionais e não encontrou nada. Então, rastreou um mapa ferroviário de grande escala da área em torno de Beauvais e descobriu. Achy era uma minúscula aldeia alguns quilômetros ao norte de Beauvais. Isso o impressionou. Como tinha Eileen, ou seu controle subconsciente Uvani, trazido essa informação? Além disso, a quantidade de detalhes técnicos registrada durante a sessão estava muito além do conhecimento de muitos engenheiros, o que dirá de uma pessoa medianamente instruída como Eileen.[7]

Muitas tentativas foram feitas para desacreditar essa informação. No início da década de 1960, o pesquisador Archie Jarman fez uma revisão exaustiva do evento e descobriu alguns fatos interessantes. Por exemplo, o conhecimento de Eileen sobre a aldeia de Achy não era tão inexplicável como pareceu num primeiro momento. Como alguém que conhecia bem Eileen, Jarman estava ciente de que ela viajava com frequência de automóvel de Calais para Paris. Achy situava-se na rodovia principal entre o porto e a capital. Ele sugeriu que Eileen estava subliminarmente ciente disso e decidiu usar essa aldeia como o lugar que imaginara para o local do acidente.[8] Mas havia um grande número de aldeias, vilas e pequenas cidades localizadas junto àquela rodovia. Qual era a chance de ela escolher o caminho certo aleatoriamente?

O caso de Gladys Leonard

Nos primeiros anos do século XX, outra médium britânica, Gladys Leonard, obteve uma série de sucessos relativos à comunicação com os desencarnados. Gladys Osborne Leonard (1882-1968) desenvolveu habilidades mediúnicas quando ainda era criança. Desde muito cedo, ela afirmava que tinha visões de belas paisagens, às quais chamava de

"Vales Felizes". Estes consistiam em paisagens bucólicas projetadas nas paredes ao redor dela. Pareciam figuras em movimento, vislumbres de um mundo tridimensional que existia do lado de fora das percepções da maior parte das pessoas. Eram semelhantes às descrições do mundo astral superior. Depois de receber uma visão de sua mãe, ela decidiu desenvolver suas habilidades mediúnicas. Logo ela manifestou seu "guia espiritual". Esse ser se identificava com um nome longo e impronunciável, que foi abreviado para "Feda". Em março de 1914, Gladys foi instruída a começar uma vida como médium profissional. Ela foi assim informada por Feda: "alguma coisa grande e terrível está em vias de acontecer em seu mundo". Alguns meses depois, estourou a Primeira Guerra Mundial.

Uma das vítimas desse desastre foi Raymond Lodge, que morreu em ação em 17 de setembro de 1915. Raymond era filho de *sir* Oliver Lodge, que estava envolvido nas investigações sobre Eusapia Palladino na ilha francesa de Roubaud. A esposa de Lodge participou de uma sessão espírita com a senhora Leonard em 25 de setembro, e durante essa sessão Raymond se manifestou. Ele afirmou: "Diga ao pai que eu me encontrei com alguns amigos dele". Nessa mensagem ele mencionou especificamente Myers.

Em 3 de dezembro, Lodge juntou-se a Leonard para uma sessão. O espírito de Raymond reuniu-se a eles e, por intermédio de Gladys, descreveu uma fotografia que fora tirada dele e de seus colegas oficiais. Ele disse que na foto ele estava sentado enquanto os outros eram "levantados". Ele então acrescentou que a foto tinha sido tirada ao ar livre com um fundo preto "com linhas que desciam". Lodge achou isso muito estranho. Em 29 de novembro, ele havia recebido uma carta de uma pessoa desconhecida chamada senhora Cheves. Seu filho tinha sido um oficial médico do mesmo batalhão de Raymond. Na carta ela informava Lodge que estava de posse de seis cópias de uma fotografia de um grupo de oficiais. Ela pensou que ele poderia gostar de ter uma delas e se ofereceu para lhe enviar uma cópia. Lodge se perguntou se a mensagem de seu filho por intermédio de Gladys estaria ligada de algum modo a essa fotografia.

Quatro dias depois, em 7 de dezembro de 1915, a foto chegou. Ela era exatamente como o espírito de Raymond havia descrito, até mesmo as "linhas que desciam".[9]

Em algumas mensagens transmitidas por meio de médiuns, o falecido "transcomunicador" aparece plenamente comprometido em se comunicar com o mundo dos vivos. Um desses casos envolveu a morte trágica de um jovem chamado Edgar Vandy, transmitida por Gladys em colaboração com dois outros médiuns.

Em agosto de 1933, Edgar Vandy, um engenheiro que trabalhava em Londres, estava passeando de carro na zona rural de Sussex com dois amigos, o senhor N. Jameson e sua irmã. Eles decidiram parar na fazenda do patrão da senhorita Jameson. Tinha sido um passeio longo, o tempo estava quente, e os dois homens ficaram encantados ao descobrir que na propriedade havia uma piscina. Jameson, em uma curiosa antecipação dos acontecimentos, trouxera consigo um traje de banho. No entanto, Edgar não tinha trazido. Felizmente, a senhorita Jameson conseguiu emprestar-lhe um, e os dois homens se trocaram atrás de um arbusto preparando-se para nadar. Por razões desconhecidas, Edgar não esperou que seu amigo terminasse de se trocar, mas se encaminhou sozinho para a piscina. Quando Jameson chegou ao local, viu Edgar flutuando de bruços com o rosto afundado na água. Ele pulou dentro da piscina e agarrou Edgar, apenas para vê-lo deslizar, escapando das suas mãos e afundando na água turva.

Jameson saiu da piscina e foi em busca de ajuda. Não se sabe onde sua irmã se encontrava nesse momento, mas está claro que Edgar foi deixado na piscina por algum tempo. Passou cerca de uma hora até que Jameson voltasse com um médico e com a polícia. Eles por fim conseguiram localizar Edgar na água, e seu corpo sem vida foi puxado para fora. O médico notou ligeiras abrasões no queixo de Edgar e sua língua tinha sido mordida. Mais tarde, também se descobriu que havia menos fluido em seus pulmões do que haveria se ele tivesse se afogado. A partir disso, o inquérito subsequente concluiu que Edgar mergulhou na piscina, batendo a cabeça, o que o deixou inconsciente. O legista enviou um laudo de "Morte por Afogamento Acidental".

Esse laudo não convenceu os irmãos de Edgar, Harold e George. Eles sabiam que o irmão não era um bom nadador e, por isso, não era o tipo de pessoa que mergulharia de cabeça em uma piscina cheia de água turva. Eles também questionaram por que Jameson não havia arrastado Edgar para fora da água antes de ir procurar ajuda. Além disso, era preciso saber onde a irmã estava enquanto a tragédia se desenrolava.

Os irmãos sabiam que uma abordagem-padrão não funcionaria. Ficou claro que o dono da propriedade não estava interessado em expor-se a uma publicidade ruim e não cooperaria com investigações adicionais. Como membro da Society for Psychical Research, George estava ciente do que era conhecido como "*proxy sittings*" (sessões espíritas com assistentes substitutos). Esse era um processo por meio do qual se recorria a alguns médiuns para obter informações vindas de uma pessoa falecida. Em cada sessão, nenhum detalhe sobre o caso era fornecido. Na verdade, nomes e endereços falsos dos que solicitavam as sessões eram fornecidos aos médiuns. Dessa maneira, nenhuma acusação de "leitura fria"* ou pesquisa prévia poderia se nivelar às informações mais adequadas a que uma sessão normal teria acesso.

George escreveu a um colega seu, também membro da SPR, Drayton Thomas, perguntando-lhe se poderia providenciar para ele um conjunto de *proxy sittings*. Thomas concordou em organizar um grupo. Thomas e os irmãos Vandy nunca se encontraram; os irmãos disseram apenas que estavam "tentando obter mais informações sobre um irmão que tinha morrido recentemente, porque havia algumas dúvidas por

* Um "leitor frio" extrai do médium informações suplementares fazendo a leitura de expressões faciais, de sua linguagem corporal, idade, modo de se vestir, e assim por diante, ou fazendo perguntas vagas cujas lacunas o médium pode completar com informações significativas. (N.T.)

parte dos parentes em relação à causa da morte".[10] Thomas foi trabalhar e decidiu que iria sugerir Gladys juntamente com outros três médiuns, a senhorita Campbell, a senhora Mason e a senhorita Bacon. Naquela época, nenhuma notícia sobre a morte de Vandy havia sido publicada nos jornais de Londres. No entanto, uma pequena nota foi publicada pela imprensa local.

Em 6 de setembro de 1933, Thomas assistiu a uma de suas sessões habituais com Gladys. Ele estava lá a título privado e procurando informações sobre sua própria família. Para sua surpresa, o controle de Leonard, Feda, anunciou: "Você conhece um homem que morreu há pouco tempo; ele morreu de repente?". Feda mencionou então dois conjuntos de iniciais, que podiam ter relação com Edgar. Eram as iniciais de Harold Vandy que foram mencionadas por Feda, juntamente com as iniciais de sua irmã também falecida, Minnie. O controle acrescentou: "Este pode ser um caso *proxy* sobre alguém que morreu depois de cair".[11] Um Thomas perplexo concordou que essa mensagem inesperada poderia se referir ao caso que ele fora encarregado de investigar. Então, Feda lhe disse que o caso se referia a alguém que não era um menino, mas também não era velho (Vandy tinha 38 anos quando ocorreu o acidente), e que tinha encontrado um fim trágico por causa de uma queda. Ela acrescentou:

> Ninguém teve culpa, ele teve uma sensação estranha na cabeça, que ele já conhecia... saindo de lá sem ter consciência do que seria... pensando em outras coisas... Eu estava segurando, agarrando alguma coisa. Acho que eu larguei... Então, curiosamente, pareceu que minha mente ficou em branco... Não consigo me lembrar exatamente o que aconteceu — embora eu estivesse caindo através de alguma coisa, como acontece durante o sono.... De qualquer modo, não tinha nada a ver com eles, e eles não poderiam ter me ajudado de maneira alguma.... Eu sinto muito por todos os problemas.[12]

Thomas ficou atordoado com a mensagem, pois ele não estava pensando em Vandy naquele momento. Ele rapidamente escreveu aos irmãos Vandy explicando o que tinha acontecido. Foram providenciadas mais cinco sessões usando-se os médiuns sugeridos por Thomas. Pelo menos um dos irmãos estava presente em todas essas sessões. Mas eles não se identificaram nem ajudaram o médium fazendo perguntas ou apresentando comentários.

As sessões produziram alguns fragmentos precisos de informações. Por exemplo, durante a sessão de 24 de setembro de 1933, envolvendo a senhorita Campbell, a médium descreveu como ela podia ver o "irmão" de Vandy apresentando-se a ela segurando uma raquete de tênis, acrescentando, como um aparte, "que isso é estranho, uma vez que ele não jogava tênis. Ele não se parece com alguém que jogue tênis". Antes disso, Campbell tinha informado George Vandy que em momento algum se identificou ou deu qualquer informação sobre Edgar, que "você tem um irmão no mundo espiritual que morreu em consequência de um acidente".

A raquete de tênis não fazia sentido para George. Ele pediu ao estenógrafo que estava presente (para essa sessão, em particular, ele era "N. J.", o amigo que estava com Vandy no dia em que ele morreu) para anotar que isso deveria ser investigado. Foi o que eles fizeram e descobriram algo surpreendente. Algumas semanas antes de sua morte, Edgar e sua irmã estavam no jardim da casa deles. A irmã tinha um carretel sobressalente de filme e decidiu usá-lo para tirar uma foto de seu irmão. Naquele dia, Edgar trajava camisa, calça e sapatos de tenista. Para completar o visual, precisavam de uma raquete de tênis. A irmã de Edgar buscou sua própria raquete e pediu-lhe para posar segurando-a. Ela lembrou-se de que, no momento, ele brincou dizendo que as pessoas podiam ser enganadas pensando que ele era um jogador de tênis.

A senhorita Campbell disse então que Edgar estava mostrando a ela uma pequena lacuna entre seus dentes, "como se um dente estivesse faltando", e acrescentou: "Agora ele está me mostrando uma velha cicatriz e diz: 'Esta é a minha marca de identificação'!". Ao ser indagada sobre isso, Campbell confirmou que a cicatriz estava no rosto de Edgar. George confirmou que Edgar tinha uma pequena lacuna em sua mandíbula superior, onde um dente havia se quebrado. Ele também tinha uma grande cicatriz na testa. Mas o que deixou George mais impressionado foi sua lembrança de que Edgar certa vez tinha apontado para a cicatriz dizendo: "Isto sempre me identificará".

Poucos meses depois, em 27 de julho de 1934, realizou-se outra "*proxy sitting*" que envolveu Gladys Leonard e Drayton Thomas. Segundo David Fontana, a senhora Leonard não recebeu detalhes sobre o motivo da sessão. Parece que o pai de Thomas começara a se comunicar por intermédio da senhora Leonard, afirmando que "o jovem tinha uma pilha de papéis que ele mantinha coesos sob a forma de um livro achatado [...] um deles com escritas e desenhos [...]. Alguns marrons [...] alguns pareciam ter capa preta". Mais de trinta anos depois, George encontrou esses cadernos de anotações em uma instalação de armazenamento dos Pickford. Ao todo, doze cadernos foram encontrados. Onze deles tinham capa preta e um era marrom.[13]

Mensagens canalizadas em casos criminais

Em fevereiro de 1983, uma mulher de 25 anos, Jacqueline Poole, foi brutalmente assassinada em seu *flat,* em Ruislip, no noroeste de Londres. O alerta veio do pai de seu namorado, que estava preocupado por ela não aparecer há dois dias. Depois de arrombar o *flat*, a polícia descobriu o corpo de Jacqueline e constatou que uma grande quantidade de joias havia sido roubada. Quinze meses depois, o caso foi arquivado, pois a polícia não conseguiu solucionar o crime.

Em 1999, os avanços na ciência forense permitiram uma reabertura do caso. A polícia obteve na cena do crime uma pequena amostra de DNA. Esta foi submetida a uma nova técnica conhecida como "Low Copy Number" (LCN, ou "baixo número de cópias"). Esse material combinava com o DNA de um dos suspeitos originais, Anthony James Ruark. Em agosto de 2001, Anthony Ruark foi considerado culpado pelo assassinato de Poole e condenado à prisão perpétua.

O pano de fundo para uma acusação bem-sucedida envolveu uma comunicação vinda de uma médium local, Christine Holohan, ocorrida em 1983. Ela tinha chamado a polícia em resposta a um apelo televisivo para obter informações sobre o assassinato de Poole. Dois oficiais de polícia, o policial Tony Batters e o detetive Andrew Smith, visitaram a senhora Holohan no dia seguinte. De início, os oficiais suspeitaram quando Christine explicou que ela vinha sentindo a presença de um espírito ao seu redor, um espírito que ela afirmara ter relação, de alguma maneira, com o assassinato. No entanto, o espírito comunicou a Christine que o nome da moça assassinada era Jacqui Hunt, e não Jacqui Poole. Isso chamou a atenção dos policiais, pois sabiam que o nome de solteira de Jacqueline era Hunt.

Então, Holohan forneceu à polícia nada menos que 131 fatos separados sobre o assassinato. Mais de 120 deles foram considerados corretos. Eles incluíam informações a que a consciência desencarnada de Jacqui só poderia ter acesso depois de sua morte; por exemplo, a de que, quando a polícia arrombou a porta de seu *flat*, ela viu que havia duas xícaras de café na cozinha. Uma estava limpa, e a outra tinha restos de café no fundo. Holohan não tinha como saber disso. Ela também descreveu que Jacqui tinha deixado seu assassino entrar no *flat*, um homem que ela conhecia, mas de quem não gostava, e que mais cedo, nesse mesmo dia, dois homens tinham aparecido no *flat* para levá-la ao trabalho, mas que ela não foi com eles porque estava se sentindo mal. Holohan então descreveu o assassinato com grandes detalhes, em particular como os anéis foram tirados do corpo após a morte. Ela nomeou um grupo de indivíduos conhecidos por Jacqui: um deles era alguém chamado "Tony". Ela acrescentou que havia tentado a escrita automática para obter mais detalhes do assassino, e sua mão rabiscou o nome "Pokie". Outro nome que ela forneceu foi "Barbara Stone".[14]

O nome "Pokie" chamou a atenção dos oficiais. Um de seus principais suspeitos no início foi Tony Ruark, um homem que tinha o apelido incomum de "Pokie". Com base na evidência fornecida por Holohan, Ruark foi interrogado e sua casa, revistada. Mas nenhuma evidência incriminatória foi encontrada, e ele foi liberado sem acusação. A polícia manteve o pulôver que foi encontrado em sua lixeira. No inquérito subsequente, de 1999, amostras de pele e de fluidos corporais acrescentaram mais evidências de DNA aos minúsculos vestígios de DNA encontrados na cena do crime. Se Christine Holohan não tivesse entrado em contato com a polícia, essa busca na casa de Ruark não teria ocorrido e evidências fundamentais não teriam sido encontradas. Posteriormente, descobriu-se que Barbara Stone era uma boa amiga de Jacqui Poole que havia morrido alguns anos antes.

Os casos de Indridi Indridason

Um caso notável de "notícia" transmitida por médium foi relatado pelo professor Erlendur Haraldsson em uma palestra proferida para a Society for Psychical Research (SPR), em 17 de junho de 2010. Nessa palestra, ele discutiu o trabalho do médium islandês Indridi Indridason.[15]

Indridason nasceu em outubro de 1883, em Skardsstrond, no noroeste da Islândia. No fim do século XIX, essa era uma comunidade totalmente isolada. Não havia estradas, apenas trilhas de cavalos. Levaria pelo menos três dias a cavalo para ir de Skardsstrond à capital, Reykjavik. Aos 22 anos de idade, Indridason fez essa árdua jornada para se tornar aprendiz de tipógrafo. Enquanto esteve em Reykjavik, ele morou com parentes, os Einarsson. Indridi Einarsson e sua mulher haviam se juntado há pouco tempo a um círculo espiritualista e uma noite eles convidaram o jovem Indridason. Descobriu-se rapidamente que Indridason tinha poderosas habilidades mediúnicas. Houve relatos afirmando que ele chegava a levitar enquanto se comunicava com seus controles. O principal controle de Indridason era seu falecido tio-avô,

Konrad Gislason, um professor de literatura nórdica da Universidade de Copenhague, que havia morrido em 1891. No entanto, mais tarde registrou-se que 26 outros espíritos falaram por meio dele.

Indridason logo se tornou um médium muito popular, e sua fama se espalhou por Reykjavik. Um grupo que se autodenominava Experimental Society foi criado apenas para investigar as habilidades mediúnicas de Indridason. Assim, sob condições adequadamente controladas, foi realizada a sessão de 24 de novembro de 1905. Naquela noite, por volta das 9 horas, uma nova entidade se manifestou. Por intermédio da boca de Indridason, que estava em transe profundo, palavras em dinamarquês começaram a ser proferidas. As palavras foram pronunciadas em um claro sotaque de Copenhague. Isso deixou perplexos todos os oradores islandeses presentes. Naquela época, a Islândia fazia parte da Dinamarca, e o dinamarquês era falado por muitas pessoas instruídas. No entanto, Indridason só havia recebido uma educação extremamente rudimentar e falava apenas algumas palavras de dinamarquês; e, é claro, com um sotaque islandês, e não de Copenhague. A voz apresentou-se como sendo a do "senhor Jensen", um sobrenome dinamarquês muito comum. Jensen informou à reunião aturdida que ele acabara de se juntar ao grupo vindo de Copenhague, onde havia testemunhado um enorme incêndio em uma fábrica. A voz, em seguida, desapareceu apenas para reaparecer cerca de uma hora depois anunciando que os bombeiros tinham conseguido manter o incêndio sob controle. Ele acrescentou que estava interessado nesse incêndio porque, em vida, fora um "fabricante" [era uma fábrica de lâmpadas].

De acordo com os *Minute Books of the Experimental Society*, Jensen manifestou-se novamente por meio da mediunidade de efeitos físicos de Indridi Indridason. Em 11 de dezembro de 1905, ele falou outra vez por intermédio de Indridason e deu mais detalhes a respeito de si mesmo. Informou o grupo que seu nome cristão era Emil, que era solteiro, sem filhos, e que "não era tão jovem" quando morreu. Acrescentou que tinha irmãos e que eles "não estão aqui no céu".[16]

É importante enfatizar que em 1905 não havia outra forma de comunicação entre a Islândia e a Dinamarca que não fosse por mar. No inverno, essa viagem marítima de cerca de 2.090 quilômetros poderia levar semanas. Depois da sessão, foi apenas no Natal que o primeiro barco chegou. Carregava, entre muitas coisas, jornais. Um associado da Experimental Society, o reverendo Hallgrimr Sveinsson, verificou o jornal dinamarquês *Politiken*. Um artigo descrevia como um incêndio em uma fábrica de lâmpadas, Kongensgade 63, em Copenhague, tinha irrompido na noite de 24 de novembro, acrescentando que as chamas foram por fim controladas por volta da meia-noite. O fuso horário de Copenhague e o de Reykjavik têm uma diferença de duas horas, de modo que o término do incêndio teria ocorrido por volta das 10 da noite da Islândia, exatamente a hora em que Jensen reapareceu para dar suas notícias atualizadas.

Em sua pesquisa, posteriormente descrita em um artigo publicado nos *Proceedings* da SPR, em outubro de 2011, Haraldsson encontrou o relato na edição de sábado, 25 de novembro de 1905, do *Politiken*. Isso confirmou os detalhes do incêndio.

Haraldsson, em seguida, pesquisou cópias anteriores do jornal para saber quantos incêndios foram registrados em Copenhague. Ele considerou uma amostra das duas semanas anteriores ao incêndio e das duas semanas posteriores. Ele descobriu três pequenos incêndios, todos controlados rapidamente. Dois começaram no início da noite e um no fim da manhã. Nenhum outro incêndio que tivesse ocorrido tarde da noite foi relatado. Além disso, houve apenas um incêndio de uma fábrica, o de Kongensgade, por volta da meia-noite do dia 24 de novembro.

Haraldsson estava interessado em descobrir se alguém com o nome de Emil Jensen vivia em Copenhague nos anos que antecederam o incêndio de Kongensgade. Em junho de 2009, ele passou um dia em Copenhague examinando os registros da Royal Library. Lá encontrou uma lista de profissionais que viveram e trabalharam na cidade. Na entrada para 1890 ele encontrou Emil Jensen, que foi registrado como um fabricante. Emil Jensen morava no Armazém Kongensgade 67, duas portas de distância do número 63, o local do incêndio de 1905. Seguindo essa pista, Haraldsson descobriu que Emil Jensen morreu em 3 de agosto de 1898, aos 50 anos de idade. Ele era solteiro e não tinha filhos. Tinha quatro irmãs e dois irmãos, todos ainda vivos em 1905, quando ocorreu a "visita casual" (*drop-in*).

Em seu resumo, Haraldsson afirmou que:

> O caso Jensen/Indridason não só oferece uma evidência muito convincente para a percepção extrassensorial remota — para usar a terminologia de Rhine —, como também o fator motivacional oferece um intrigante argumento sugerindo que Emil Jensen era uma entidade independente, distinta da pessoa de Indridi Indridason.[17]

Jogo de xadrez com um grande mestre falecido

Comunicadores, pelo que parece, não só podem ditar mensagens por meio de escrita automática para médiuns em transe, como também podem se envolver em interações de mão dupla por intermédio de médiuns. Uma brilhante evidência dessa característica notável da comunicação por meio de médiuns foi fornecida por um jogo de xadrez entre um Grande Mestre vivo e uma entidade que se identificou como um antigo Grande Mestre de xadrez.

Não há nenhuma maneira conhecida pela qual o médium que canalizou esse jogo pudesse ter obtido a informação que veio do Grande Mestre falecido: o próprio médium não jogava xadrez e alegou ter pouco ou nenhum interesse no jogo. No entanto, as mensagens transmitidas por ele não somente eram extremamente precisas em sua técnica com relação a esse jogo, mas também apontavam de maneira específica para o estilo do Grande Mestre falecido. O caso foi o seguinte.

Wolfgang Eisenbeiss, um jogador amador de xadrez, contratou o médium Robert Rollans para transmitir os movimentos de uma partida jogada por Viktor Korchnoi, então o terceiro maior Grande Mestre do mundo, com um jogador que Rollans estava para encontrar em seu estado de transe. Eisenbeiss deu a Rollans uma lista de Grandes Mestres falecidos e pediu a ele para entrar em estado de transe e perguntar quem entre os Grandes Mestres falecidos estaria disposto a jogar. Em 15 de junho de 1985, o antigo Grande Mestre húngaro Geza Maroczy respondeu.

Maroczy foi o terceiro maior Grande Mestre do ano 1900. Rollans transmitiu a justificativa dada por Maroczy: "Estarei à sua disposição neste jogo de xadrez em particular por duas razões. Em primeiro lugar, porque também quero fazer algo para ajudar a humanidade na Terra a se convencer de que a morte não é o fim de tudo, mas que, em vez disso, a mente é separada do corpo físico e chega até nós em um mundo novo, no qual a vida individual continua a se manifestar em uma nova dimensão desconhecida. Em segundo lugar, sendo um patriota húngaro, quero guiar os olhos do mundo em direção à minha amada Hungria".[18]

Korchnoi e Maroczy começaram a jogar. Foi um jogo prolongado em razão da doença de Korchnoi e de suas frequentes viagens: durou não menos de sete anos e oito meses. Falando por intermédio de Rollans, que em seu estado normal de consciência não tinha a menor ideia do que estava acontecendo, Maroczy realizava os seus movimentos formulando-os na forma-padrão conhecida pelos jogadores de xadrez — por exemplo, "5.A3 — Bxc3+" —, e Korchnoi respondia a Rollans da mesma maneira. Cada movimento foi registrado. O jogo terminou em 11 de fevereiro de 1993, quando, no movimento 48, Maroczy abandonou. A análise subsequente mostrou que foi uma decisão inteligente: cinco movimentos mais tarde, Korchnoi teria lhe dado xeque-mate.[19]

Casos de comunicações transmitidas em grupo

Um elemento recorrente da comunicação transmitida por médium é o fato de que a comunicação é facilitada se um grupo de médiuns trabalhar em conjunto. Um dos primeiros a comentar sobre esse tipo de "colaboração espiritual" foi o médium William Stainton Moses.

William Stainton Moses, nascido em 1839, foi ordenado sacerdote anglicano em 1870, mas, depois de assistir à sua primeira sessão espírita, em 1872, ficou fascinado pelas experiências transmitidas pelos médiuns. Moses descobriu que ele próprio tinha habilidades mediúnicas e dedicou suas energias a explorá-las. Foi responsável pelo estabelecimento da British National Association of Spiritualists, em 1873. Em 1882, também esteve envolvido na criação da SPR. Essa associação não duraria muito. Como já discutimos, ele demitiu-se da SPR após a dispensa de Richard Hodgson por causa das reivindicações de William Eglinton no *SPR Journal*.

A mediunidade de Moses envolveu o uso da escrita passiva, ou automática, exatamente o mesmo processo usado durante as correspondências cruzadas. Ele começou a receber mensagens por meio desse método em março de 1873. Cada seção de escrita automática seria assinada como "Doctor, the Teacher". Logo apareceram mais espíritos, mas por fim um espírito passou a se comunicar em nome dos demais. Ele se identificou como "Rector". Um segundo grupo, liderado por uma entidade que se apresentava como "Imperator", logo apareceu. Uma transcrição registrada pelo doutor Speer, um membro do grupo de Moses, inclui a seguinte declaração:

> Eu, eu mesmo, Imperator Servus Dei, sou o chefe de um grupo de 49 espíritos, o espírito que preside e controla, sob cuja orientação e direção os outros trabalham [...]. Eu vim da sétima esfera para realizar a vontade do Todo-Poderoso; e, quando meu trabalho estiver completo, retornarei para aquelas esferas da bem-aventurança, de

> onde ninguém volta novamente à Terra. Mas isso não acontecerá até que o trabalho do médium na Terra esteja terminado e sua missão na Terra seja trocada por outra mais ampla nas esferas.

O Imperator então explicou que tanto o "Rector" como o "Doctor" faziam parte de sua equipe. O Rector era seu subtenente e tenente, e o papel do Doctor era o de guiar a caneta do médium receptor. O Imperator, e ocasionalmente o Rector, ditava informações ao Doctor, que em seguida guiava a mão do médium. Dessa maneira, as mensagens eram transferidas desde a "sétima esfera" até a Terra. Eles também estavam envolvidos com a equipe de quatro outros seres chamados de "Guardiões". A equipe consistia de sete entidades. Eles faziam parte de um grupo muito maior, que, segundo eles, era responsável por orientar a vida na Terra.[20]

As comunicações do grupo foram investigadas por F. W. H. Myers. Ele relatou, nos *Proceedings* da SPR, que as comunicações:

> não foram produzidas de maneira fraudulenta pelo doutor Speer ou por outros consulentes [...]. Eu as considero provadas tanto por considerações morais como pelo fato de que a ocorrêndia delas era constantemente relatada até mesmo quando o senhor Moses estava sozinho. Que o senhor Moses pudesse, ele mesmo, tê-las produzido de maneira fraudulenta é algo que considero como moral e fisicamente não digno de crédito. Que ele pudesse tê-las preparado e produzido em um estado de transe eu considero fisicamente incrível e totalmente inconsistente com o teor tanto de seus próprios relatos como com o daqueles de seus amigos. Portanto, considero que os fenômenos relatados de fato ocorreram de uma maneira genuinamente supernormal.[21]

COMUNICAÇÃO TRANSMITIDA POR MÉDIUNS: O QUE AS EVIDÊNCIAS NOS DIZEM

Como já observamos, a comunicação com pessoas falecidas transmitida por médiuns está sujeita a dúvidas. Seria, na realidade, uma comunicação dessa natureza ou seria produzida, de alguma maneira, pelos próprios médiuns?

Os casos revisados aqui oferecem evidências razoáveis de que os médiuns não inventaram as próprias mensagens porque não tinham acesso às informações contidas nelas. Em alguns casos, a comunicação envolvia uma linguagem que lhes era desconhecida, ao passo que outros casos envolviam habilidades e conhecimentos (como no caso do jogo de xadrez entre Grandes Mestres vivos e falecidos) que os próprios médiuns não possuíam.

Poderiam os médiuns ter captado a informação que eles canalizariam, de alguma maneira oculta ou incomum, de pessoas vivas? Tanto quanto se poderia verificar, nos casos apresentados, ninguém na pequena (ou média) comunidade que cercava os médiuns tinha a informação pertinente. Poderiam os médiuns ter captado tal informação de pessoas além do próprio ambiente em que viviam? Isso sugeriria que eles poderiam escanear o campo de conhecimentos pertinentes e receber as informações que queriam por meio de alguma forma de superPES [superpercepção extrassensorial]. Essa possibilidade não pode ser excluída, mas exige um tipo de processo que dificilmente teria condições de ser considerado mais fácil de acreditar do que a própria comunicação com os mortos desencarnados. No entanto, a hipótese da superPES é colocada em questão pelo jogo com o Grande Mestre de xadrez falecido. Não é provável que houvesse qualquer pessoa viva que tivesse o conhecimento mostrado nesse jogo: conhecimento não só de xadrez do nível de um Grande Mestre, mas conhecimento do estilo particular do Grande Mestre que morreu há mais de cem anos e ditou os movimentos no jogo.

Nos casos apresentados, as mensagens transmitidas pelos médiuns parecem ter sua origem em uma entidade que possuía informações que nem os próprios médiuns nem qualquer pessoa a quem eles pudessem ter acesso provavelmente teriam possuído. Igualmente notável era o fato de que, em alguns casos, a entidade comunicante mostrou a intenção de se comunicar, seja para esclarecer um crime não resolvido, seja para lançar luz sobre um evento até então desconhecido. Ela também mostrou a intenção de dissipar todas as dúvidas razoáveis quanto à autenticidade das suas mensagens. Nesses casos, a fraude, seja ela consciente ou inconsciente, parece quase excluída. A entidade contactada, pelo que parece, é uma consciência quase viva, que não é a consciência de uma pessoa viva no momento presente.

4

A Transcomunicação Instrumental*

De acordo com a experiência com os "Electronic Voice Phenomena" (EVPs), isto é, Fenômenos de Vozes Eletrônicas, o contato e a comunicação com pessoas falecidas — fenômenos conhecidos como "transcomunicação" — também podem ser criados de forma eletrônica. Os EVPs constituem fenômenos muitas vezes observados, que recentemente também foram gravados. Uma série de livros e artigos foi publicada protocolando as observações e os experimentos pertinentes.

O experimentador de EVPs, cujo trabalho atraiu, pela primeira vez, ampla atenção internacional, foi Latvian Konstantin Raudive. Em seu livro *Breakthrough*, de 1971, ele relatou que havia gravado cerca de 72 mil vozes emitidas por fontes paranormais inexplicadas, das quais 25 mil continham palavras identificáveis. Desde essa época, uma ampla gama de experimentos controlados foi realizada.

As pesquisas sobre os EVPs estão se difundindo, e o número de investigadores sérios está aumentando. Um dos mais respeitados pesquisadores

---

* Os autores agradecem à doutora Anabela Cardoso, a principal autoridade viva do mundo em transcomunicação instrumental, por sua preciosa colaboração na elaboração deste capítulo.

nesse campo é François Brune, um padre católico que vem pesquisando o campo já há muitos anos e escreveu uma série de livros sobre o assunto. O padre Brune estima que há muitos milhares de pesquisadores em várias partes do mundo, concentrados principalmente na América e na Europa.

PRIMEIROS EXPERIMENTOS COM COMUNICAÇÃO TRANSMITIDA ELETRONICAMENTE

No fim do século XIX, cientistas descobriram que o mundo físico manifesto aos sentidos é apenas um aspecto de um universo complexo repleto de raios, radiações e campos invisíveis. Essas descobertas encorajaram a expectativa de que, através dessas regiões ou dimensões invisíveis, seria possível criar o contato e a comunicação com aqueles que "passaram para o outro lado" — concebivelmente, para outra dimensão do universo.

A ideia de que existe um mundo além do alcance dos nossos sentidos ganhou popularidade graças a uma descoberta feita pelo físico britânico William Herschel, alemão de nascimento. Herschel estava medindo as temperaturas de diferentes cores, movendo um termômetro pelas faixas de várias cores de um feixe de luz dividido por um prisma em um espectro com as cores do arco-íris. Ele notou que a temperatura mais alta estava além da extremidade vermelha do espectro, localizada em uma região onde as cores já haviam terminado. No ano seguinte, em 1801, o químico alemão Johann Ritter observou que, na outra extremidade do espectro, outra forma invisível de luz catalisara reações químicas. Ficou claro, com base nessas descobertas, que a luz visível era apenas uma parte de um espectro muito mais amplo, parcialmente invisível.

Em 1845, Michael Faraday observou que, quando a luz viajava através de um material transparente capaz de polarizar a luz, o plano de polarização da onda luminosa era afetado por um ímã. Isso ficou conhecido como "efeito Faraday". Em 1864, o matemático escocês James Clerk Maxwell descobriu que o "eletromagnetismo" e a luz eram o mesmo fenômeno.

Maxwell posteriormente desenvolveu um conjunto de equações matemáticas que previam o comportamento dessas ondas eletromagnéticas (EM) e sugeriu que há um número infinito de frequências que se propagam através de todo o espaço.

Em 1866, Heinrich Hertz usou as equações de Maxwell para descobrir outra forma de energia eletromagnética: as ondas de rádio. Elas poderiam ser usadas para enviar mensagens sem fio de um local para outro na velocidade da luz. A telegrafia, usando o código Morse, enviava mensagens transmitidas por fio desde a década de 1840, mas o sistema sem fio usando ondas de rádio foi revolucionário.

Que as ondas de rádio fossem totalmente invisíveis aos seres humanos foi considerado como uma evidência de que — fora das percepções cotidianas — o universo continha enormes quantidades de informação que poderiam ser captadas por receptores feitos pelo homem. *Sir* Oliver Lodge, físico conhecido por seu desenvolvimento da teoria eletromagnética, começou a realizar experimentos no fim do século XIX. Em 14 de agosto de 1894, em uma reunião da British Association for the Advancement of Science, ele demonstrou o potencial de comunicação dos sinais de rádio. No ano anterior, o cientista sérvio Nikola Tesla demonstrou o potencial semelhante das ondas de Tesla, e, um ano depois, Guglielmo Marconi demonstrou na prática que era possível utilizar o campo eletromagnético como um meio de comunicação invisível. Esses cientistas acreditavam que essa forma de comunicação também poderia ser utilizada para a comunicação com planos superiores de existência.

A possibilidade da transcomunicação, ou comunicação com espíritos de humanos desencarnados e outras formas de vida incorpóreas por via eletromagnética, recebeu um impulso técnico em 1877, quando Edison descobriu um processo para gravar e reproduzir vozes humanas. Essas gravações podiam agora manter registradas vozes humanas, bem como eventos musicais.

Em 1901, na Sibéria, o etnógrafo norte-americano Waldemar Borogas estava pesquisando os costumes dos xamãs chukchis. Ele usou o fonógrafo

Edison portátil para gravar os cânticos e as invocações dos xamãs a fim de analisá-los posteriormente. Borogas testemunhou cerimônias em que os xamãs entram em seus estados oníricos. Essas cerimônias envolvem batidas rítmicas de tambor. Para sua surpresa, enquanto ele testemunhava o registro dessas cerimônias gravadas, ele ouviu vozes desencarnadas, que o fonógrafo também captou.[1] Em seu livro *Talking to the Dead*, George Noory escreveu que, em uma sessão posterior, os xamãs se comunicaram diretamente com a fonte das vozes e as obrigaram a se manifestar outra vez e a deixar que fossem gravadas.[2] Infelizmente, essas gravações inestimáveis foram perdidas.

Outro dispositivo que se perdeu foi o "Telégrafo Vocativo Cambraia", inventado pelo pesquisador português Augusto de Oliveira, que morava no Brasil. Oliveira não estava sozinho em seu interesse pelo assunto. Em 1933, um colega brasileiro, Próspero Lapagesse, publicou, na *Revista Internacional de Espiritismo*, a descrição e o diagrama da construção de um "aparelho mediúnico elétrico" que não só captaria as vozes de espíritos, como também fotografaria os comunicadores usando um tipo de aparelho de raios X. Não se sabe se essa máquina chegou a ser construída. Mas parece que Oscar d'Argonnel, português-brasileiro, foi o primeiro a receber conversas telefônicas reais de fontes atribuídas a entidades desencarnadas. Em um pequeno livro em português chamado *Vozes do Além pelo Telefone*, ele descreveu em detalhes como obteve centenas de conversas nítidas pelo telefone com amigos e familiares falecidos, assim como com algumas personalidades anteriormente desconhecidas.[3] Ele obteve delas informações que não eram do conhecimento de todas as pessoas envolvidas e conseguiu confirmar e verificar mais tarde a autenticidade da informação. Grande parte das comunicações dizia respeito à dimensão em que o falecido existia agora. As descrições das características desses contatos extraordinários correspondem perfeitamente às vozes recebidas por outros investigadores da Transcomunicação Instrumental (TCI) anos depois, bem como às informações fornecidas por eles.

ALGUNS CASOS DE TRANSCOMUNICAÇÃO INSTRUMENTAL

As várias formas de Transcomunicação Instrumental (TCI) incluem rádios, TVs, telefones, computadores, câmeras e outros dispositivos técnicos.

Casos de transcomunicação de voz

Nas décadas de 1930 e 1940, o interesse pela transcomunicação eletrônica diminuiu, e o assunto foi esquecido até setembro de 1952, quando dois padres católicos ouviram algo estranho em suas fitas gravadas.

O padre Agostino Gemelli e o padre Pellegrino Ernetti estavam no processo de gravação de cantos gregorianos no Laboratório de física da Universidade Católica de Milão. Para grande frustração de Gemelli, as fitas de gravação [na verdade, *wiretapes*, que eram fios de aço fino usados para gravar] quebravam continuamente. Como costumava fazer quando ficava frustrado, ele chamou seu falecido pai para ajudá-lo. Tratava-se apenas de uma maneira de desabafar, provavelmente a versão sacerdotal de praguejar. Depois de alguns minutos de manipulação, a fita foi reparada. Os padres então reproduziram a gravação. Para surpresa deles, não havia evidência de nenhum canto gregoriano. Havia apenas uma voz dizendo: "Claro que posso ajudá-lo; eu sempre estou com você". Gemelli reconheceu de imediato a voz de seu pai. Espantado, o padre decidiu repetir a gravação. Dessa vez, Gemelli perguntou: "É realmente você, papai?". Com uma emoção crescente, os padres reproduziram a fita. "É claro que sou eu. Você não me reconhece, *testone*?" *Testone* é uma expressão italiana de carinho, equivalente a cabeçudo".

Os padres ficaram, ao mesmo tempo, encantados e preocupados. Eles decidiram discutir o assunto com o próprio papa, Pio X. Para alívio de todos, Pio disse-lhes que isso poderia ser "o início de um novo estudo científico que confirmaria a fé no Além".[4]

Em 1969, como forma de gratidão por seu trabalho no Vaticano, onde pintou vários retratos do papa, e por seu documentário *The Fi-*

sherman from Galilee — On the Grave and Stool of Peter, o papa Paulo VI concedeu a Friedrich Jürgenson, um sueco nascido na Ucrânia, a Cruz de Comandante da Ordem de São Gregório, o Grande, uma das cinco ordens da Cavalaria da Santa Sé. Jürgenson foi um dos mais influentes pesquisadores da TCI de seu tempo, bem como um renomado pintor, músico e cineasta. Ele havia se deparado com o fenômeno pela primeira vez em 1959, enquanto gravava cantos de aves perto de sua casa, em Mölnbo, na Suécia. Quando reproduziu a gravação, ficou surpreso ao ouvir a voz de um homem na fita. Ele estava falando em norueguês e discutindo os hábitos noturnos das aves. Foi essa coincidência que levou Jürgenson a acreditar que não se tratava de uma simples transmissão de rádio perdida, captada por seu gravador.

Algumas semanas depois, ele captou outra voz. Dessa vez era de uma mulher e parecia dirigir-se diretamente a ele. Perguntou: "Friedel, meu pequeno Friedel, você pode me ouvir?". Friedel era o nome carinhoso usado por sua falecida mãe, que havia morrido anos antes. Isso convenceu Jürgenson de que essas comunicações eram de indivíduos sencientes que haviam morrido. Sua mãe falou com ele em alemão, e a gravação original era em norueguês. Ao longo dos anos, ele captou muitas gravações em um grande número de idiomas, e muitas delas foram posteriormente identificadas como de membros falecidos da família ou de amigos próximos.[5]

Em 1964, Jürgenson publicou seu livro *The Voices from Space*. Isso deu início a um longo relacionamento de pesquisas conjuntas com o professor Hans Bender, diretor do Instituto de Parapsicologia da Universidade de Friburgo. Bender trabalhou com Jürgenson em vários locais ao redor do mundo e usou muitos tipos diferentes de equipamentos de gravação. Embora considerasse o fenômeno autêntico, Bender era, na essência, antagônico à ideia e não aceitava que as gravações fossem provas de que a consciência sobrevivia após a morte. Em vez disso, ele suspeitava que o próprio subconsciente de Jürgenson influenciasse psicocineticamente as gravações.[6]

Talvez o pesquisador mais importante a ingressar, mais tarde, nesse campo foi Konstantin Raudive. Ele escreveu uma série de livros depois da Segunda Guerra Mundial enfocando o que poderia acontecer com a consciência após a morte do corpo. No início da década de 1960, quando se deparou com a obra de Jürgenson, Raudive morava na Alemanha Ocidental. Depois de se encontrar com Jürgenson, ele havia montado seu próprio projeto de pesquisa e, em 1968, publicou os resultados de seus experimentos sob o título *Unhörbares Wird Hörbar*, publicado no Reino Unido com o título *Breakthrough*.

Uma das técnicas usadas por Raudive consistia em sintonizar um aparelho de rádio em uma frequência na qual não havia nenhuma transmissão e gravar em fita o resultante ruído de estática que lembrava um assobio. Raudive afirmou que se podia, às vezes, ouvir vozes falando dentro desse "ruído branco". Em várias ocasiões, ele recebeu mensagens pessoais, direcionadas para ele, muitas delas em letão. Muitas dessas vozes afirmavam vir de seus amigos falecidos e membros da família. Ele também notou que as vozes pareciam falar com uma velocidade maior que o dobro da velocidade do discurso humano regular. Minuciosamente, Raudive identificou outras características peculiares enumeradas em seu livro. Apesar das acusações de pesquisadores não familiarizados com os idiomas falados pelas vozes, segundo os quais algumas de suas gravações eram fragmentos de conversas que faziam pouco sentido, em sua grande maioria, suas mensagens eram precisas e pertinentes. Seu livro *Breakthrough*, que contém a transcrição de milhares de mensagens em mais de 240 páginas, testemunha a importância de suas mensagens para os pesquisadores, para os participantes dos experimentos de TCI e para todos os observadores desses fenômenos.[7]

Jürgenson e Raudive trabalharam juntos em várias ocasiões, e cada um de seus respectivos resultados foi confirmado. Por exemplo, em 1967, Jürgenson afirmou que podia compreender todas as trezentas vozes que Raudive havia gravado ao longo dos anos. Ele sugeriu que algumas das vozes em suas próprias gravações eram as mesmas que apareciam nas gravações de Raudive.

Pouco antes de o livro *Breakthrough*, de Raudive, ser publicado em 1971, o editor inglês Colin Smythe montou uma série de experimentos envolvendo técnicos dos Pye Recording Studios. Quatro gravadores de rolo de fitas magnéticas foram blindados contra todas as interferências de rádio possíveis, e ele deixou o gravador rodando durante 18 minutos. Para grande surpresa dos técnicos, as fitas registraram sons, embora nada fosse ouvido pelos fones de ouvido usados para o monitoramento. Quando as fitas foram reproduzidas, mais de duzentas vozes separadas foram ouvidas, 27 das quais fizeram declarações claramente compreensíveis. De acordo com Peter Bander, uma das testemunhas, *sir* Robert Mayer, estava convencido de que uma das vozes era a de seu amigo falecido há pouco tempo, o pianista Arthur Schnabel.[8]

Uma segunda série de experimentos foi realizada nos estúdios Enfield, de Belling e Lee. Mais uma vez, uma série de EVPs foi gravada, nos quais havia vozes nítidas, apesar da extensa blindagem contra ruídos errantes de transmissões de rádio. No mesmo ano, George Meek, engenheiro recém-aposentado, inventor e empresário, abriu um pequeno laboratório na Filadélfia. Meek era um homem rico que fora fascinado por fenômenos paranormais durante a maior parte de sua vida. Seu interesse principal eram os EVPs, e ele acreditava que as vozes anômalas só poderiam ser minuciosamente analisadas se o equipamento fosse atualizado. Ele sentia que o conhecimento a respeito de como fazer isso não estava disponível neste lado do canal de comunicação e que precisava obter a ajuda de um cientista ou engenheiro que tivesse "desencarnado". Ele estava bem ciente de que, em geral, a comunicação com os desencarnados era facilitada por um médium. Por isso, colocou um anúncio na revista *Psychic Observer*. Meek foi muito bem-sucedido por ter colocado esse anúncio, que chegou às mãos de um talentoso clarividente, William O'Neil. Excepcionalmente para os indivíduos que se entregavam a essa vocação, O'Neil era também um perspicaz engenheiro elétrico amador. Estava, portanto, na posição única de ser capaz de entender qualquer instrução técnica que pudesse receber de um engenheiro falecido que desejasse se envolver nesse ambicioso projeto. Em 1973, O'Neil foi incluído na folha de pagamento de Meek, e a busca por um contato adequadamente qualificado e que estivesse do outro lado começou.

Em poucas semanas, o contato foi feito por uma entidade desencarnada que se identificou como doutor George Mueller. Ansioso para provar que essa entidade era o que ele afirmava ser, Meek, por intermédio de O'Neil, pediu detalhes sobre a vida de Mueller. Esses detalhes foram rapidamente fornecidos e comprovaram ser precisos. Graças a eles, os investigadores conseguiram rastrear a vida do verdadeiro doutor George Mueller. A entidade descreveu que, em vida, ele se tornou bacharel em engenharia elétrica em 1928. Esse título lhe foi concedido pela Universidade de Wisconsin, em Madison, e Mueller graduou-se entre os 20% melhores alunos de sua classe. Ele, então, obteve mestrado em Cornell, em 1930, seguido por um doutorado na mesma instituição. Sem dúvida, essas informações poderiam ter sido descobertas pelo próprio O'Neil. No entanto, havia outros elementos que não eram tão simples de se descobrir. Por intermédio de O'Neil, o falecido Mueller também deu seu número de seguro social, mas — e isso é ainda mais importante — descreveu em detalhes a máquina que havia inventado para o tratamento da artrite. Essa informação não era de domínio público. Na verdade, só era conhecida pelo próprio Mueller. Mais tarde, a equipe de Meek construiu um protótipo seguindo as instruções do cientista falecido, e ela de fato funcionou.

A pequena equipe de Meek, O'Neil e seu espírito associado trabalharam juntos no planejamento e na construção de uma máquina que ficou conhecida como "Spiricom". Foi tal o entusiasmo de Meek por essa ferramenta de comunicação que ele criou a MetaScience Foundation, na Carolina do Norte, e investiu mais de meio milhão de dólares em seu desenvolvimento. Em 1982, Meek anunciou ao mundo que um poderoso dispositivo de comunicação tinha sido aperfeiçoado e permitiria a comunicação entre este mundo e o mundo dos espíritos.

Infelizmente, o sucesso da Spiricom foi logo interrompido. O contato da equipe com o outro lado, George Mueller, havia há muito tempo advertido que ele não estaria por perto por muito mais tempo para facilitar as comunicações. Ele trabalhou com O'Neil e Meek para tentar encontrar maneiras de construir um dispositivo de comunicação mais poderoso, mas o tempo estava se esgotando. O contato logo se perdeu, e o Spiricom ficou em silêncio. Meek continuou seu trabalho e proferiu palestras por todo o mundo, advogando que se pode manter um contato direto e genuíno com os desencarnados. Como aconteceu em outros casos impressionantes de transcomunicação eletrônica, as acusações de fraude contra o Spiricom logo começaram a surgir. No entanto, os livros de Meek e a descrição minuciosa, feita por John Fuller, das observações *in loco*[9] do trabalho de George Meek e O'Neil deixam clara a sua autenticidade.[10]

Em seguida, a influência de Jürgenson estimulou Hans Otto König, engenheiro eletroacústico profissional, a entrar nesse campo. Certa noite, em 1974, quando König estava assistindo à TV em sua casa, na cidade de Mönchengladbach, ele viu um programa que apresentava Friedrich Jürgenson e Hans Bender falando sobre os EVPs. Embora o tom geral do programa fosse cético, König decidiu iniciar seus próprios experimentos. Ele suspeitava que as vozes emanavam da mente subconsciente do experimentador, e não dos espíritos dos mortos. No início, ele usou o método-padrão de sintonizar seu rádio em uma frequência na qual se conseguia apenas ouvir a estática. No entanto, ele ouviu a voz de sua falecida mãe dirigindo-se a ele pelo nome e perguntando-lhe se ela poderia ser ouvida. Isso o convenceu de que as vozes eram o que Jürgenson acreditava que elas fossem: comunicações vindas de outra dimensão no espaço e no tempo. Ele continuou seus experimentos, usando água corrente como ruído de fundo. Ao longo do tempo, ele se convenceu de que a maneira de tornar a comunicação mais eficaz consistia em usar "ruído branco" no domínio das frequências de ultrassom (acima da faixa audível, que vai de 20 hertz a 20.000 hertz) que os gravadores de fita magnética conseguem captar. Como o ultrassom era a área de especialização de König, ele estava perfeitamente posicionado para testar a comunicação dos espíritos nessa faixa.

König logo desenvolveu um equipamento que facilitava o contato nos dois sentidos, ou seja, entre este mundo e o mundo dos espíritos, de um modo semelhante ao do Spiricom de Meek. Em 6 de novembro de 1982, em um simpósio da organização alemã VTF (abreviatura de *Verein fuer Tonbandstimmenforschung*, Associação de Pesquisas sobre Vozes Gravadas em Fita), ele apresentou ao mundo os frutos de seu trabalho: um dispositivo a que chamou de *Ultraschallgenerator* (Gerador Ultrassônico). Isso foi testemunhado por várias centenas de pessoas. Ele pareceu funcionar bem em uma série de comunicações ouvidas por todas as pessoas presentes.

Na noite de 15 de janeiro de 1983, milhões de pessoas ouviram quando ele apresentou seu sistema em uma transmissão de rádio ao vivo chamada *Unglaubliche Geschichten* (Histórias Inacreditáveis). Apresentada por Rainer Holbe, essa era uma transmissão popular em grandes áreas no norte da Europa. O público ouviu claramente uma série de respostas para as perguntas de König dirigidas a seus supostos "comunicadores" transdimensionais. Em alemão, ele perguntou: "Posso tentar entrar em contato com você?". E recebeu a resposta: "*Versuch*!" (Tente!). Ele então perguntou se as entidades poderiam ouvi-lo e se ele tinha captado a frequência correta. Ele recebeu a resposta: "*Wir hören Deine Stimme*" (Ouvimos a sua voz). Até esse estágio, o *status* dos comunicadores não era claro.

No entanto, em uma resposta intrigante e aparentemente não relacionada, um comunicador disse: "*Otto König macht Totenfunk*". Isso provocou uma reação de perplexidade entre todos os envolvidos. A palavra *Totenfunk* tinha sido recém-criada pelos pesquisadores para descrever a radiofonia com os desencarnados. Isso mostrou que os comunicadores estavam de alguma maneira cientes de informações que não tinham feito parte de comunicações diretas anteriores. Considerou-se significativo que os comunicadores tivessem identificado König pelo seu nome. Em outro intercâmbio, uma entidade declarou: "*Ich komm nach Fulda*" [Eu fui a Fulda]. Fulda é a pequena cidade alemã onde ocorreu o simpósio de novembro de 1982. Isso sugeriu que as entidades levam em consideração o local onde elas estão se comunicando com os vivos.

Como aconteceu em outros casos que envolviam um campo de natureza controversa, a autenticidade do Gerador Ultrasônico de Hans-Otto König foi questionada.

Mais recentemente, a doutora Anabela Cardoso, uma diplomata portuguesa sênior, realizou uma série de experimentos notáveis. Ela usou o ruído branco de ondas curtas de rádio e um aparelho de rádio AM sintonizado em torno de 1.500 KHz como fundo acústico. Essa frequência é conhecida como a "onda" por experimentadores dos EVPs, pois foi com essa frequência que Jürgenson teve mais sucesso.[11]

Por receber respostas às suas perguntas, tanto em fita como pelo rádio, Cardoso ficou convencida de que os fenômenos eram autênticos e mereciam documentação e exploração. Ela criou um periódico internacional, o *ITC Journal*, para publicar, de início, relatórios de pesquisa em português, espanhol e inglês. Alguns anos depois, o periódico passou a ser publicado apenas em inglês. Os próprios comunicadores de Cardoso falavam principalmente em português, com comunicações ocasionais em espanhol e inglês, idiomas nos quais ela era fluente. De acordo com David Fontana, que testemunhou vários experimentos de Cardoso, nesses experimentos a possibilidade de fraude ou interferência de outras pessoas pode ser efetivamente descartada.[12]

Em 2010, Anabela Cardoso escreveu um livro sobre seu trabalho com a TCI e publicou um CD com amostras das vozes eletrônicas anômalas relatadas em seu livro.[13]

Sob o patrocínio de duas fundações científicas internacionais, foi realizada uma série de experimentos rigorosamente controlados para registrar vozes eletrônicas anômalas em Vigo, na Espanha, durante 2008 e 2009. Anabela Cardoso foi a diretora de pesquisa e principal operadora dos testes de EVPs, que reuniram uma equipe de renomados operadores de TCI europeus. Os testes foram inspirados no trabalho de Hans Bender com Jürgenson e nos experimentos de Konstantin Raudive na Inglaterra, documentados por Peter Bander, editor associado da Colin Smythe.[14]

Um grande número de experimentos foi realizado no fortemente blindado Laboratório de Acústica da Escola de Engenharia da Universidade Vigo, bem como em um estúdio de gravação profissional durante um período de dois anos. Os testes foram supervisionados por engenheiros eletrônicos independentes e técnicos de som. Um número substancial de resultados positivos foi obtido, como é detalhado no relatório.[15]

Casos de transcomunicação por vídeo

Em novembro de 1982, um grupo de amigos na Alemanha se reuniu com Klaus Schreiber, que lhes sugeriu que eles mesmos deveriam tentar obter EVPs. Klaus ligou um gravador de fita e convidou um amigo falecido para se juntar a eles. Todos ficaram sentados em silêncio enquanto a fita gravava os sons do ambiente na sala. Depois de cerca de 10 minutos, eles desligaram o gravador e reproduziram o que havia sido gravado. De início, nada foi ouvido; então, quando a fita se aproximava do fim, todos ouviram claramente as palavras: "Olá, amigos".

Schreiber estava convencido de que os EVPs constituíam uma ferramenta poderosa para a comunicação com os espíritos desencarnados. Posteriormente, ele montou uma série de dispositivos de gravação no porão de sua casa, na esperança de captar comunicações anômalas. No entanto, em vez de usar como som de fundo um rádio sintonizado em uma única largura de banda de "ruído branco", ele usou um dispositivo chamado "*psychofon*" [psicofone], inventado por Franz Seidl, pesquisador vienense de EVPs. Esse dispositivo escaneava continuamente uma extensa área de largura de banda, ou gama de frequências, produzindo um campo sonoro qualitativamente diferente daquele do ruído branco comum. Schreiber afirmou ter recebido muitas mensagens de pessoas falecidas usando esse procedimento.

Parece que os comunicadores quiseram desenvolver os canais de comunicação estendendo-o até a faixa de vídeo. A mensagem inicial de um EVP recebido por Schreiber, supostamente de sua filha, declarou: "Nós viemos através da televisão" (*Wir kommen ueber Fernsehen*), seguido de "Em breve você (nos) verá na televisão" (*Bald siehst du uns im Fernsehen*). Em maio de 1984, as mensagens tornaram-se mais específicas, transmitindo a instrução "Grave isto na TV" (*Spiel im TV ein*).

Em resposta a esses pedidos, Schreiber criou um sofisticado elo de retroalimentação [*feedback loop*] eletro-óptico, no qual uma câmera de vídeo filmava um receptor de televisão sintonizado em um canal sem imagem. O sinal que vinha da câmera de vídeo era alimentado de volta para o monitor de TV, no qual a imagem vazia era então gravada pela câmera de vídeo. A câmera era colocada em um ângulo ligeiramente descentralizado em relação à tela da TV. O resultado era uma série de padrões de luz, que Schreiber analisou quadro a quadro.

Em um de seus primeiros experimentos, Schreiber afirma ter recebido uma imagem de Karin, sua filha falecida. A partir daí, Karin tornou-se sua facilitadora do outro lado. Ela comunicou a seu pai que as imagens só podiam ser em preto e branco porque seu mundo ainda não tinha desenvolvido a tecnologia para transmitir imagens em cores. Logo apareceram outras imagens, algumas delas de personalidades famosas da mídia alemã falecidas, tais como Romy Schneider e Kurt Juergens. A aparição de Romy Schneider na tela da TV foi testemunhada pelo apresentador Rainer Holbe, da Radio Luxembourg. Alegou-se que, assim que Romy apareceu, sua voz foi gravada dizendo: "Meu filho está comigo — estamos todos unidos aqui" *(Mein Sohn ist bei mir-wir alle sind hier vereint)*.[16]

Schreiber morreu em 1988, mas seu amigo Martin Wenzel juntamente com um casal de Luxemburgo, Maggy e Jules Harsch-Fischbach, deram continuidade ao seu trabalho. Em 1º de julho de 1988, eles receberam imagens e sons nítidos, vindos ao que tudo indica de outra dimensão. Eles foram assistidos por uma entidade que os Harsch-Fischbach mais tarde chamaram de "The Technician" (O Técnico). Ambos acreditavam que as transmissões foram facilitadas pelo falecido Konstantin Raudive. Eles receberam a informação de que o grupo com o qual estavam trabalhando chamava-se *Timestream* [linha temporal].

Também trabalhavam em estreita colaboração com os Harsch-Fischbach os pesquisadores alemães Friedrich Malkhoff e Adolf Homes. No outono de 1987, Malkhoff ouviu uma transmissão de rádio sobre EVPs dirigida por Rainer Holbe. Ele ficou intrigado e decidiu fazer ele mesmo experimentos com algumas gravações. Para sua grande surpresa, descobriu vozes em suas fitas. Em seguida, na primavera de 1988, deparou-se com um anúncio de Adolf Homes publicado em uma revista. Homes também morava na área de Trier e estava procurando por alguém que compartilhasse de seus interesses em EVPs. Ele recebeu comunicações de uma entidade cujas instruções eram semelhantes às recebidas de "O Técnico". Malkhoff e Homes acreditavam estar em contato com a mesma entidade.

Em Luxemburgo, os Harsch-Fischbach receberam mensagens que vinham supostamente de um grupo de personagens históricos, os quais incluíam o explorador britânico Richard Burton, o químico francês Henri Sainte-Claire Deville, o cientista e engenheiro aeroespacial alemão Wernher von Braun e o ocultista suíço Paracelso. Nesse grupo, também estavam entidades que afirmavam ser Raudive e Jürgenson e uma entidade que se identificou como Swejen Salter. Ela disse que vivera sua vida física em outro planeta, e não na Terra.

Em 20 de julho de 1990, as equipes alemã e de Luxemburgo decidiram juntar forças. Poucos dias depois, os Harsch-Fischbach receberam uma mensagem que dizia: "Nós, o grupo *Zeitstrom*, em conjunto com o grupo *Centrale*". Aparentemente, os comunicadores decidiram seguir o exemplo de seus contatos terrenos e também se uniram. Em comunicação com eles, as equipes "deste lado" obtiveram os resultados mais impressionantes já alcançados na história do TCI. As informações vieram por meio de seus computadores, telefones e de uma complicada montagem de equipamentos de áudio instalada na casa dos Harsch-Fischbach sob a orientação de "O Técnico". Um grande número de mensagens foi recebido de Konstantin Raudive, e houve uma série de correspondências cruzadas semelhantes àquelas iniciadas por Myers alguns anos antes.

Durante uma das sessões, Raudive apresentou ao grupo vivo de Luxemburgo um novo membro da equipe *Zeitstrom* chamado Carlos de Almeida. Almeida falava com os Harsch-Fischbach em português. Ele chamou a equipe *Zeitstrom* pelo seu nome em português, "Rio do Tempo". Tendo sido informada sobre esse acontecimento por um conhecido português dos Harsch-Fischbach que veio visitá-la, Anabela Cardoso decidiu pedir a seu colega que falava português, Carlos de Almeida, para ajudá-la em seus experimentos de transcomunicação. Logo ela estava em comunicação regular com ele e com outros membros do grupo Rio do Tempo.[17]

Há casos de transcomunicação instrumental em que a dúvida razoável está quase excluída. Ambos os autores deste estudo participaram de experiências dessa natureza, e Laszlo relatou um deles em seu livro *Quantum Shift in the Global Brain.*** Os parágrafos seguintes, extraídos desse livro, descrevem o experimento.

** *Um Salto Quântico no Cérebro Global*, publicado pela Editora Cultrix, São Paulo, 2012, pp. 180-83.

7 de abril de 2007. Estou sentado em uma sala com baixa luminosidade na cidade italiana de Grosseto, junto a um grupo de 62 pessoas. É noite, e não há som algum, a não ser aqueles ruídos da faixa de ondas curtas de um rádio. É um antigo rádio de válvula, do tipo que funciona não com transistores, mas com "tubos de vácuo", um dos nomes das velhas válvulas. Estou sentado sobre um pequeno banco logo atrás de um velho italiano que usa chapéu e se veste como se ainda fosse inverno, embora a sala esteja quente — e esquente ainda mais de minuto a minuto.

O italiano — um famoso paranormal que não se considera um médium mercantilista, mas um pesquisador sério dos fenômenos paranormais — é Marcello Bacci. Durante os últimos quarenta anos, ele esteve ouvindo vozes por meio do seu rádio e se convenceu de que são vozes de pessoas que morreram. Aqueles que vêm aos seus regulares "diálogos com os mortos" estão igualmente convencidos disso. São pessoas que perderam um filho ou uma filha, um pai ou uma mãe ou um cônjuge e esperam ter a experiência de ouvi-los falar por meio do rádio de Bacci.

Ficamos sentados na sala escurecida durante uma hora inteira. Bacci toca com ambas as mãos na caixa de madeira que aloja o rádio, acariciando-a nos lados, no fundo e no topo e falando com ela. "Amigos, venham, falem comigo, não hesitem, estamos aqui, esperando por vocês..." Mas nada acontece. Quando Bacci brinca com o mostrador, o rádio emite a típica estática de ondas curtas ou transmite o som de uma ou outra estação de ondas curtas. Estou ficando convencido de que as dúvidas que eu tinha inicialmente se justificavam: afinal de contas, como poderia um receptor de ondas curtas captar vozes vindas do "outro lado"? Como poderia o "outro lado" transmitir sinais por meio do espectro eletromagnético? Bacci continua acariciando o rádio, girando o mostrador radiofônico e chamando pelas vozes. Sento-me atrás dele e espero por um milagre...

E, então, surgem sons como os de uma respiração pesada ou como um som produzido por um tubo de borracha ou por um travesseiro bombeado com ar. Bacci diz: "Finalmente!" Ele continua a mover o mostrador, mas não há mais nenhuma transmissão de ondas curtas se manifestando. Para qualquer posição que ele gire o mostrador, o rádio transmite apenas a respiração periódica. Todo o rádio parece ter ficado sintonizado nessa única frequência, a qual um associado de Bacci monitora cuidadosamente em um dispositivo à minha direita.

Bacci fala para o rádio, encorajando quem quer ou o que quer que esteja respirando, ou bombeando ar, a responder a ele. Agora, vozes estão vindo pelo ar. Vozes indistintas, que dificilmente seriam humanas, quase irreconhecíveis como vozes humanas, difíceis de entender, mas falam italiano, e Bacci parece entendê-las. Todo o quarto congela em concentração. A primeira voz é a de um homem. Bacci fala para ele, e a voz responde. Bacci lhe diz que há muitas pessoas ali nessa noite (o grupo usual não inclui mais do que doze) e que todas elas estão ansiosas para entrar em uma conversa.

Bacci diz que atrás dele — imediatamente à minha esquerda — há alguém sentado que a voz conhece. "Quem é ele?" (Ele é o famoso pesquisador francês de assuntos paranormais Padre Brune, que escreveu vários livros sobre suas experiências de conversas com desencarnados. Perdera seu irmão havia cerca de um ano e entrava em contato com ele desde essa ocasião, espera fazê-lo novamente.) A voz responde "Père Brune" (como ele é conhecido em sua França natal). O Padre Brune pergunta: "Com quem eu estou falando?". Ocorre que não é com seu irmão, mas com o Padre Ernetti, o padre que estava envolvido nos experimentos originais. Ele era amigo íntimo e associado do Padre Brune, que morrera não fazia muito tempo.

O Padre Brune e o Padre Ernetti conversam durante algum tempo, e então Bacci — que continua a se inclinar para a frente e a acariciar o rádio — diz: "Vocês conhecem alguém mais que está sentado aqui, logo atrás de mim?". Uma voz que parece diferente, mas também de homem, diz "Ervin". Ela o pronuncia como se faz em húngaro ou em alemão, com o "E" como em "lépido", e não como se faz em inglês, com o "E" fechado como em "*earth*". Bacci pergunta: "Você sabe quem ele é?". E a voz responde: "*É ungherese*" (Ele é húngaro). A voz então dá o meu nome de família, mas o pronuncia como os italianos às vezes o fazem, "Latzlo", e não como os húngaros, com um "s" suave, como em "Lasslo".

Bacci segura a minha mão — estou sentado logo atrás dele — e coloca-a sobre a sua. Sua mulher, e há muito tempo sua parceira, coloca sua mão sobre a minha. Minha mão, como um sanduíche, entre as mãos deles, vai ficando aquecida — na verdade, ela fica muito quente. Bacci me diz: "Fale com eles em húngaro". Inclino-me para a frente e falo. Minha voz sai abafada por causa da comoção. O impensável está acontecendo, assim como eu queria que acontecesse, mas dificilmente ousaria esperar. Digo como estou feliz por falar com eles. Acredito que não devo perguntar se eles estão mortos (como você pode perguntar a alguém com quem está falando: "Você está morto?"), mas em vez disso eu pergunto: "Quem é você e quantos estão com você?". A resposta, que vem em húngaro, é indistinta, mas posso perceber que diz: "Estamos todos aqui". (Uma voz acrescenta: "O Espírito Santo conhece todos os idiomas".) Então, eu pergunto: "É difícil para vocês falar comigo dessa maneira?" (Disse isso pensando na respiração aparentemente cheia de esforço que precedeu a conversa.) Uma mulher responde, com muita clareza, e em húngaro: "Temos algumas dificuldades (ou obstáculos). Mas como é para vocês? Vocês também têm dificuldades?". Eu digo: "Para mim, não foi fácil encontrar essa maneira de falar com vocês, mas agora eu posso fazer isso e estou satisfeito".

Bacci está pensando nas muitas pessoas que esperam para ter contato com seus entes queridos e dirige a atenção para essas pessoas na sala, mas não identifica ninguém pelo nome, lembrando-se apenas de que eles também gostariam de obter respostas. A voz — a mesma ou uma diferente voz masculina, é difícil dizer ao certo — apresenta vários nomes, um após o outro. A pessoa chamada fala, frequentemente com uma voz trêmula de esperança. "Posso ouvir Maria (ou Giovanni...)?" Às vezes, uma voz mais jovem surge no ar, e uma pessoa na sala solta um grito de alegria ou por reconhecê-la.

E assim continua por cerca de meia hora. Há interrupções feitas pelo som do ar correndo como em uma respiração pesada (Bacci explica: "Eles estão se recarregando"), mas as vozes voltam. Então, de repente, parece que elas realmente se foram. Bacci move o mostrador na faixa das ondas curtas, mas apenas estática e algumas estações de ondas curtas são ouvidas, como acontecera durante a primeira hora. Ele se levanta, as luzes são acesas, a sessão é encerrada.[18]

Há um fato curioso e digno de nota com relação à autenticidade da transmissão de rádio anômala de Bacci. Ela começou, como em geral os experimentos de Bacci costumavam começar, precisamente às 19h30. Mas as vozes começaram apenas uma hora mais tarde, quando nossos relógios mostravam 20h30. No entanto, não muito tempo antes, a Europa tinha passado do horário de inverno para o horário de verão. Portanto, 20h30 fora antes de 19h30, o tempo exato em que as vozes começaram a se manifestar. As vozes estavam no tempo correto. Foi Bacci quem tentou a comunicação cedo demais.

Bacci foi acusado mais tarde de fraude por meio da manipulação de seu rádio, quando outras pessoas se juntaram ao seu laboratório em busca de ganhos financeiros. No entanto, nos últimos anos, Bacci não foi capaz de receber vozes anômalas, embora ele tenha tentado o seu melhor. Isso sugere que seus experimentos anteriores podem ter sido genuínos. (Se houvesse um envolvimento em fraude desde o início, as vozes anômalas muito provavelmente teriam continuado.) Não se sabe por que as vozes cessaram, mas pode-se supor que a razão tenha a ver com as tentativas de produzi-las por meio de fraude.

TRANSCOMUNICAÇÃO INSTRUMENTAL: O QUE AS EVIDÊNCIAS NOS DIZEM

A transcomunicação por áudio e vídeo depende de instrumentos eletrônicos para estabelecer contato com o que parece ser a consciência extracorpórea de pessoas já falecidas. A confiança em instrumentos eletrônicos torna a autenticidade do contato aberta à dúvida, assim como também ocorre com a confiança que se tem nos médiuns. Instrumentos eletrônicos estão abertos à manipulação deliberada e, portanto, à fraude.

No entanto, nos casos aqui citados, foram tomados muitos cuidados para excluir a possibilidade de fraude. Engenheiros verificaram o funcionamento dos instrumentos e os experimentadores repetiram os experimentos na presença de testemunhas. Alguns experimentadores, como Hans Otto König, eram, eles próprios, engenheiros eletrônicos, e outros, inclusive Anabela Cardoso, que era diplomata sênior em Portugal, sua terra natal, tinha uma reputação a proteger e, por isso, tomava muito cuidado em verificar se os fenômenos eram autênticos.

O número impressionante de casos de comunicação transmitida por meios eletrônicos examinados neste capítulo oferece uma base para uma avaliação inicial. Podemos dizer que as evidências fornecidas por formas confiáveis de EVPs oferecem um fundamento razoável para supor que a consciência de uma pessoa morta pode ser contactada e pode se envolver na comunicação por meio de instrumentos eletrônicos. A consciência, pelo que parece, pode existir em uma forma na qual ela pode gerar sinais que dispositivos eletrônicos podem converter em som e em imagem.

5

As Lembranças de Vidas Passadas

As evidências examinadas nos capítulos anteriores sugerem que é possível a uma pessoa comunicar-se com uma consciência humana quando o corpo ao qual essa consciência estava associada não se encontra mais vivo. Neste capítulo, examinamos um tipo de evidência adicional em apoio a essa hipótese: ela é fornecida pela prática da análise da regressão. A sensação de ter vivido uma vida anterior é relatada por muitas pessoas, mas, graças à análise da regressão, existe hoje uma maneira mais sistemática e menos anedótica de reunir e avaliar as evidências.

Em psicoterapia, "regressão" significa encaminhar a consciência de uma pessoa levando-a a remontar, em sua mente, até além do alcance de sua vida atual. Em geral, isso requer a mudança da consciência do paciente para um estado alterado. Fazer isso pode ou não exigir o recurso da hipnose. Muitas vezes, exercícios de respiração, trabalhos sobre a fase REM do sono (movimentos rápidos dos olhos) e sugestões bem formuladas são suficientes. Quando o paciente atinge o estado de consciência apropriado, o terapeuta o impele de volta das memórias de sua vida presente até memórias que parecem ser de vidas anteriores.

Levar os pacientes de volta à sua primeira infância, em seguida à sua infância e até mesmo para o seu nascimento físico raramente é um problema para os terapeutas. Seus pacientes revivem as experiências correspondentes, até mesmo na medida em que, se elas proveem do início da primeira infância, exibem os reflexos musculares involuntários típicos de bebês.

Parece possível remontar até ainda mais longe, até as lembranças da gestação no útero. E alguns terapeutas descobrem que podem levar seus pacientes a recuar ainda mais. Depois de um intervalo de aparente escuridão e quietude, surgem cadeias de experiências anômalas, lembranças que parecem ser de outros lugares e de outros tempos. Os pacientes não só as recontam como se as tivessem lido em um livro ou visto em um filme, como também revivem as experiências. Eles *se tornam* a pessoa que vivenciam, até mesmo na inflexão de sua voz e do idioma que falam, que pode ser uma língua que eles desconhecem em sua vida presente.

A regressão obtida em estados alterados de consciência é muitas vezes tomada como evidência de que tivemos vidas anteriores. Ter vivido antes de nossa vida atual e viver novamente além dela é uma crença milenar. Evidências vindas dos primeiros sepultamentos mostram que nossos antepassados enterravam seus mortos com grande cuidado e lhes forneciam ferramentas e outras utilidades essenciais para sua próxima vida. Há mais de quatro mil e quinhentos anos, os reis da Mesopotâmia eram sepultados com instrumentos musicais, móveis e até instrumentos para ser usados em jogos. A crença em vidas sucessivas tinha uma dimensão tal que soldados e servos eram, às vezes, cerimonialmente executados, e seus corpos eram colocados na câmara funerária para que pudessem servir aos seus mestres em sua próxima vida.

No subcontinente indiano, um sistema de crenças envolvendo a criação e a emanação ainda é seguido por centenas de milhões de pessoas. Para os hinduístas, a morte não é o fim da existência, mas parte de um ciclo que se repete. Quando a vida chega ao fim, a alma imortal ou o corpo sutil do indivíduo renasce em um novo corpo físico, que pode ser humano ou não humano. O ciclo de nascimento e renascimento é conhecido como *sam-*

sara, o fluxo de vidas sucessivas através dos mundos. Isso contrasta com as religiões abraâmicas (judaísmo, cristianismo, islamismo), nas quais não se reconhece o retorno para outra vida no plano terrestre.

No mundo ocidental, os psicólogos também se interessam pelo fenômeno. Sigmund Freud sugeriu que medos e fobias irracionais poderiam ter por base experiências de vidas passadas esquecidas ou sublimadas. Por meio da hipnose, Freud conseguia levar seus pacientes de volta para a fonte desses medos e fobias, o que lhe permitiu ajudar seus pacientes a se livrar deles. Para Carl Gustav Jung, discípulo de Freud, esse fenômeno evidenciava a existência de um inconsciente coletivo no qual cada indivíduo pode acessar as lembranças da consciência mais ampla, que contém todas as experiências humanas. No entanto, para a visão convencional, oficial, das sociedades ocidentais, a manifestação de personalidades de vidas anteriores durante a regressão hipnótica era considerada uma forma de histeria ou doença mental.

O psiquiatra sueco John Björkhem adotou uma abordagem mais aberta, mais livre de preconceitos. Ao longo de uma extensa carreira, Björkhem realizou mais de 600 regressões, muitas das quais envolveram indivíduos que falavam idiomas normalmente desconhecidos para eles. Uma mulher chamada "Mirabella" era capaz de escrever em 28 idiomas e dialetos diferentes em seu estado de transe hipnótico.[1]

UMA AMOSTRAGEM DE RECORDAÇÕES DE VIDAS PASSADAS

Entre 1892 e 1910, o pesquisador francês Albert de Rochas usou a hipnose para induzir a regressão em uma série de pessoas. Uma delas era sua cozinheira Josephine. Ela comprovou ser particularmente responsiva à sugestão hipnótica. Em estado de transe, Josephine descreveu a si mesma como um homem chamado Jean-Claude Bourdon, soldado do regimento da Sétima Artilharia francesa com sede em Besançon. Ela descreveu Bourdon dizendo que ele nascera em Champvent.

Mais tarde, Josephine submeteu-se a outra experiência de regressão. Dessa vez, ela recordou ser uma mulher chamada Philomène Charpigny, que planejava se casar com um homem chamado Carteron. Em seu livro de 1911, *Les Vies successives, documents pour l'étude de cette question*, Albert de Rochas descreveu como conseguiu verificar com êxito os detalhes de ambas as regressões e descobriu que ambos os indivíduos tinham de fato existido e vivenciado os eventos de vida descritos por Josephine.[2]

O exemplo mais prolífico de uma pessoa que relatou experiências de vidas passadas para de Rochas foi o da mulher de um soldado, a quem ele identificou simplesmente como "Madame J.". Ao longo de uma série de regressões, ela descreveu dez encarnações anteriores. Na primeira, ela morreu com oito meses de idade e não foi capaz de identificar quem era. Na segunda sessão, forneceu mais detalhes. Ela, então, era uma menina chamada Irisee, que morava em Imondo, uma pequena cidade perto de Trieste, na Itália. Ela descreveu como coletava flores para os padres e como, mais tarde, oferecia incenso aos deuses.

Dois outros casos examinados por de Rochas também merecem menção. O primeiro envolveu um guerreiro franco de 30 anos chamado Carlomee, que foi capturado por Átila, o Huno, na Batalha de Châlons-sur-Marne, em 451 d.C. Madame J. descreveu como Carlomee teve seus olhos queimados. O segundo foi o caso de um soldado francês chamado Michel Berry, que nasceu em 1493. Ele viveu uma série de casos amorosos antes de ser morto, por uma ferida de lança, na Batalha de Marignano, em 1515. O que é particularmente estranho nessa vida passada é que Michel afirmou ter tido uma precognição, na qual fora informado que morreria dessa maneira.

O caso mais discutido por de Rochas foi o de Marie Mayo, que tinha 18 anos de idade. Em estado de transe, ela voltou a ser uma menina de 8 anos, que morava em Beirute. Ela escreveu seu nome em árabe, mas depois se mudou e se tornou Lina, filha de um pescador da Bretanha. Com 20 anos de idade, Lina casou-se com outro pescador, chamado Yvon, e poucos anos depois teve seu primeiro e único filho. Infelizmente, a criança morreu aos 2 anos de idade. Mais tarde ela descreveu como seu marido se afogou no mar e, em desespero, ela mesma saltou de um penhasco para o mar. De Rochas descreveu como, a essa altura de sua narração, Marie ficou agitada e teve convulsões.[3]

Em meados do século XX, um caso de recordações de uma vida passada envolvendo uma mulher da alta sociedade popularizou o assunto ao levá-lo para o nível do *mainstream*. Em 1956, o livro *The Search for Bridey Murphy** tornou-se um imenso *best-seller*, primeiro nos Estados Unidos e depois em todo o mundo. Morey Bernstein, um homem de negócios de Pueblo, no Colorado, descreveu como descobrira que tinha uma aptidão natural pelo hipnotismo e como decidira testar suas habilidades recém-descobertas na mulher de um de seus sócios, Virginia Tighe, de 29 anos. Em seu estado hipnótico, Virginia começou a falar com um profundo sotaque irlandês. Quando Bernstein lhe perguntou quem ela era, Virginia lhe respondeu que era uma jovem irlandesa chamada Bridget (Bridey) Murphy. Bridey disse que era filha de Duncan e Kathleen Murphy, protestantes que viviam em Meadows, em Cork. Bridey disse que nascera em 1798. Ao longo de uma série de seis sessões gravadas, Bridey forneceu uma quantidade considerável de evidências de sua vida na Irlanda no início do século XIX. Em 1818, casou-se com um católico, Brian McCarthy. Ela forneceu muitos detalhes, incluindo o nome da igreja que Bridey e Michael frequentavam e das lojas onde ela comprava seus alimentos e suas roupas. Ela descreveu como viajava com Brian para Belfast, onde ele se tornou advogado e lecionou na Universidade Queens. Bridey morreu em 1864, em consequência de uma queda. No estado hipnótico, Virginia Tighe, falando como Bridey, descreveu como ela assistira a seu próprio funeral e olhara para a lápide do seu túmulo.[4]

---

* *O Caso de Bridey Murphy*, publicado pela Editora Pensamento, São Paulo, 1958 (fora de catálogo).

Posteriormente, o *Chicago Daily News* enviou um repórter a Belfast para verificar os detalhes fornecidos por Bridey. Descobriu-se que duas das mercearias mencionadas por ela existiam na época da morte de Bridey. Em uma das sessões, Bridey descrevera uma moedinha de dois *pence* que estava em uso durante sua vida. Isso também foi confirmado pelo repórter. Mais evidências foram descobertas em apoio às lembranças de Bridey, tais como a localização de Meadows nas vizinhanças imediatas de Cork. Por ocasião das sessões de regressão, não havia evidência de tal localização. No entanto, pesquisadores encontraram um mapa de 1801 da área de Cork que mostrava uma grande área de pasto aberto denominada "Mardike Meadows", a oeste da cidade. Em uma das sessões, Bridey afirmou que a região de Meadows era escassamente povoada, sem vizinhos nas proximidades. Isso também foi confirmado pelo mapa de 1801.

O interesse por esse caso foi tamanho que Tighe adotou o nome Ruth Simmons a fim de proteger sua identidade, mas os jornalistas conseguiram rastreá-la. No entanto, o jornal rival, *Chicago American*, descobriu que Virginia tinha uma tia irlandesa, Marie Burns, embora no livro ela tivesse afirmado que não tinha ligações com a Irlanda. Marie disse que havia contado à sua sobrinha muitas histórias sobre a Irlanda. Ainda mais suspeito foi o fato de que, durante sua infância, Virginia morava em frente a uma irlandesa chamada Bridey Corkell, cujo nome de solteira era Murphy.

Mas as coisas não eram tão claras quanto o artigo fez com que parecessem. Pesquisas subsequentes realizadas pelo *Denver Post* mostraram que Marie Burns não tinha nascido na Irlanda, mas em Nova York, e que ela e Virginia não se conheceram antes de Virginia ("Bridey") ter 18 anos.[5]

Em 1965, Bernstein publicou uma nova edição de *The Search for Bridey Murphy*, que continha sua refutação das críticas. Nesse livro, Bernstein citou William J. Barker, um jornalista que passou muitas semanas na Irlanda comparando cada declaração feita por Bridey com documentos autênticos. Barker concluiu que "Bridey estava morta em pelo menos duas dúzias de fatos a cujo conhecimento 'Ruth' (Virginia Tighe, pseudônimo de Bridey) não poderia ter tido acesso neste país, mesmo se tivesse decidido deliberadamente estudar obscuridades irlandesas".[6]

Um pesquisador que continuou a investigar a realidade das recordações de vidas passadas foi um psicoterapeuta anglo-americano, o dr. Roger Woolger. Em 1989, Woolger publicou um livro influente, *Other Lives, Other Selves*.** Nele, introduziu seu modelo de lembranças de vidas passadas em um formato terapêutico.[7] Woolger acreditava que traumas e problemas psicológicos da vida atual podem ter suas raízes em vidas passadas, e não na vida presente. De início, Woolger estava adotando uma abordagem junguiana padrão, até que ocorreu um evento que abalou seu sistema de crenças. Um de seus clientes era uma mulher que passou a sofrer de transtorno de estresse pós-traumático depois de um grave acidente de carro. Como parte de sua abordagem terapêutica, Woolger usou hipnoterapia. Seguindo seu procedimento-padrão, ele induziu uma regressão hipnótica na mulher, levando-a de volta para o acidente de carro. Ela então reviveu em detalhes os eventos que levaram ao acidente. Houve, no entanto, um novo elemento que só emergiu durante a regressão. Woolger relatou:

> Ela não apenas reviveu o acidente e liberou muitos traumas enterrados em seu corpo, mas também procedeu a uma repetição da experiência de observar a si mesma a partir de cima enquanto os homens da ambulância retiravam seu corpo dos destroços. Ela então viu seu corpo ser levado para o hospital e ser submetido a uma cirurgia. Em seguida, sentiu ser arrastada para cima, até um reino mais elevado, e encontrar-se com seres de luz que ela reconhe-

** *As Várias Vidas da Alma: Um Psicoterapeuta Junguiano Descobre as Vidas Passadas*, publicado pela Editora Cultrix, São Paulo, 1994 (fora de catálogo).

ceu como membros falecidos de sua família, os quais lhe disseram que seu trabalho na Terra não estava terminado e que ela deveria retornar. Ela se lembrou da dor de voltar para seu corpo. Antes da regressão, não havia se "lembrado" de nada disso.[8]

Esta é uma EQM clássica, ocorrida no estado regredido de consciência induzido por hipnose. Woolger ficou fascinado pelas implicações e usou a análise de regressão em si mesmo. Durante anos, ele era atormentado por imagens de tortura e matança. Ele associava isso ao medo do fogo que o acompanhou por toda a vida. Então, descobriu que fora um soldado mercenário durante a Cruzada contra os cátaros na França do século XIII.

A maioria das sessões de Woolger evocava lembranças de vidas passadas que não podiam ser identificadas com as vidas de pessoas então vivas. As vidas que Woolger trazia à tona eram, com frequência, conforme ele mesmo expressa, de "membros de tribos africanas, caçadores nômades, escravos sem nome, comerciantes do Oriente Médio, camponeses medievais anônimos... vidas interrompidas pela fome, por pragas ou por doenças em tenra idade". Ele também evocou incontáveis vidas de homens jovens morrendo no campo de batalha.[9]

LEMBRANÇAS DE VIDAS PASSADAS: O QUE AS EVIDÊNCIAS NOS DIZEM

Será que as lembranças que emergem em estados alterados de consciência fornecem de fato evidências de que o indivíduo viveu uma vida anterior? Essa é uma questão difícil de decidir. Por que apenas algumas pessoas têm lembranças de vidas anteriores, e outras não? Se todas, ou pelo menos a maioria delas, tivessem vidas anteriores, esperaríamos que muitas trouxessem algumas lembranças dessas vidas. Mas apenas uma pequena parte das pessoas tem tais "memórias". Será que a maioria se esqueceu de suas vidas passadas, como muitas tradições espirituais sustentam? Ou será que as circunstâncias sob as quais essas lembranças vêm à tona são tão específicas que também são extremamente raras? Sabemos que o acesso a experiências anômalas em geral requer o ingresso em um estado alterado de consciência. Para que tais experiências sejam comunicadas, elas precisam ser vívidas o bastante para poderem ser recordadas no estado de vigília. E se elas devem ser relatadas sem medo do ridículo, elas também precisam ser documentadas e apoiadas pelas experiências de outras pessoas. Provavelmente, essas condições não são frequentes. Por isso, à primeira vista, não é impossível que todas as pessoas, ou a maioria delas, tenham vivido vidas anteriores mesmo que apenas um pequeno número delas consiga — e queira — recordá-las.

Não está claro se as pessoas tiveram outras vidas no passado e se suas recordações são lembranças fidedignas dessas vidas. No entanto, as evidências são poderosas com relação a um ponto básico. Se as lembranças que vêm à tona na consciência das pessoas são ou não são lembranças de suas próprias vidas anteriores, ou se são fragmentos de vidas de outras pessoas, o fato é que essas lembranças que vêm à tona não são lembranças da vida presente do indivíduo. Se isso é verdade, então a consciência de uma pessoa que já viveu não desaparece com a sua morte, mas pode voltar a ser vivenciada por uma pessoa viva. Essa conclusão se mantém verdadeira quer a pessoa cujas lembranças são reexperimentadas seja a mesma pessoa, quer ela seja outra pessoa.

6
A Reencarnação

Como vimos, há evidências de que pelo menos algumas pessoas — e, é bem possível, todas — existiram anteriormente em outro corpo e viveram outra existência. Quando "memórias" anômalas aparecem como lembranças pessoais, aqueles que as vivenciam tendem a acreditar que elas provêm de sua própria vida anterior. No entanto, as lembranças que emergem na consciência não são, ao que tudo indica, lembranças de uma vida passada. Em vez disso, elas parecem ser "experiências do tipo 'reencarnação'". Estas últimas também estão amplamente difundidas. As experiências que sugerem reencarnação não estão limitadas, nem geográfica nem culturalmente. Elas ocorrem em todos os cantos do planeta e entre pessoas de todas as culturas.

Há, sem dúvida, muito mais coisas envolvidas na reencarnação do que apenas memórias. Para que a reencarnação tenha de fato ocorrido, a consciência da personalidade estrangeira deve ter entrado no corpo do sujeito que a vivencia. Na literatura esotérica, isso é conhecido como transmigração do espírito ou da alma. Diz-se que ela ocorre no útero, talvez já na concepção ou pouco depois, quando a pulsação rítmica começa a se desenvolver no coração do embrião.

O espírito ou a alma de um indivíduo não migra necessariamente para outro indivíduo. Os ensinamentos budistas, por exemplo, nos dizem que a alma ou o espírito nem sempre reencarnam no plano terrestre e em uma forma humana. Ela pode não reencarnar, em absoluto, evoluindo para um domínio espiritual, de onde não retorna ou retorna apenas para cumprir uma tarefa que deveria ter realizado em sua encarnação anterior.

Mas o que nos interessa aqui é a possibilidade de que a reencarnação possa ocorrer de fato. Será que a consciência que era a consciência de uma pessoa viva pode reaparecer na consciência de outra pessoa? Em seu livro *The Power Within*, o psiquiatra britânico Alexander Cannon escreveu que as evidências a respeito disso são muito fortes para serem descartadas:

> Durante anos, a teoria da reencarnação foi um pesadelo para mim, e eu fiz o melhor que pude para refutá-la, até mesmo discuti com as pessoas em transe com o propósito de me convencer de que aquilo que eles estavam falando não fazia nenhum sentido. No entanto, à medida que os anos passavam, os sujeitos, um após o outro, me contavam a mesma história, apesar de suas diferentes e variadas crenças conscientes. Agora, depois que muito mais de mil casos foram tão investigados, tenho de admitir que a chamada reencarnação existe.[1]

VARIAÇÕES E VARIÁVEIS EM EXPERIÊNCIAS DO TIPO REENCARNAÇÃO

Há diferenças significativas na frequência e na qualidade das experiências do tipo reencarnação (ETRs). Parece que a crença é um dos principais fatores. Nos locais onde a reencarnação é reconhecida como uma realidade, as ETRs ocorrem com maior frequência.

Outra variável é a idade da pessoa que vivencia as ETRs. Aqueles que o fazem são, em sua maioria, crianças entre 2 e 6 anos de idade. Depois dos

8 anos, as ETRs tendem a se desvanecer e, com poucas exceções, desaparecem por completo na adolescência.

A maneira pela qual a personalidade reencarnada morreu é outra variável. Aqueles que sofreram uma morte violenta parecem reencarnar com mais frequência do que aqueles que morreram de morte natural.

As ETRs tendem a ser claras e distintas em crianças, ao passo que em adultos elas são, em sua maior parte, indistintas, aparecendo como pressentimentos vagos e impressões. Entre essas experiências esquivas, a mais conhecida em nossa cultura é o fenômeno do *déjà-vu*: reconhecer como familiar um local ou um acontecimento que a pessoa vê pela primeira vez. A sensação de *déjà connu*, encontrar uma pessoa pela primeira vez mas sentir que a conheceu antes, é uma experiência que também ocorre, mas com menos frequência.

Se as ETRs transmitem informações verídicas sobre lugares, pessoas e eventos, elas são testadas em referência a testemunhos oculares e a certidões de nascimento e comprovantes de endereço. Muitas vezes, as experiências são corroboradas por testemunhas e por documentos. Às vezes, até mesmo detalhes minuciosos correspondem a eventos, pessoas e locais reais.

Vívidas ETRs são acompanhadas por padrões de comportamento correspondentes. Comportamentos sugestivos da personalidade reencarnada aparecem até mesmo quando essa personalidade era de uma geração diferente e de um sexo diferente. Uma criança poderia manifestar os valores e comportamentos de uma pessoa idosa do sexo oposto.

A pesquisa pioneira sobre ETRs recentes é o trabalho de Ian Stevenson, um psiquiatra canadense-norte-americano que trabalhou na Escola de Medicina da Universidade de Virgínia. Durante mais de quatro décadas, Stevenson investigou as ETRs de milhares de crianças, tanto no Ocidente como no Oriente. Algumas das ETRs relatadas pelas crianças foram comprovadas como experiências de pessoas que viveram anteriormente, cujas mortes coincidiram com as impressões relatadas pelas crianças. Às vezes, a criança carregava uma marca de nascença associada à morte da pessoa com a qual ela se identificava, como um entalhe ou uma descoloração na parte do corpo em que uma bala fatal penetrou, ou uma malformação em uma das mãos ou um pé que o falecido perdera.

Em um ensaio desbravador publicado em 1958, "The Evidence for Survival from Claimed Memories of Former Incarnations" [As Evidências de Sobrevivência Decorrentes de Supostas Lembranças de Encarnações Anteriores], Stevenson analisou as ETRs de crianças e apresentou narrativas em sete dos casos.[2] Esses casos comprovaram-se verídicos, com os incidentes relatados pelas crianças registrados em jornais e artigos locais, muitas vezes obscuros. O estudo de Stevenson foi lido por Eileen Garrett (a médium a quem já nos referimos quando examinamos mensagens transmitidas por médiuns). Ela tinha ouvido falar de casos semelhantes na Índia e convidou Stevenson para ir a esse país e lá conduzir pesquisas de primeira mão. Stevenson descobriu sólidas evidências de reencarnação na Índia, bem como no Sri Lanka, no Brasil, no Ceilão, no Alasca e no Líbano. Em 1966, ele publicou sua obra seminal, *Twenty Cases Suggestive of Reincarnation.*[3] Posteriormente, ele descobriu outros casos na Turquia, na Tailândia, na Birmânia, na Nigéria e no Alasca e publicou relatos sobre esses casos em quatro volumes, entre os anos 1975 e 1983.

UMA AMOSTRAGEM DE ETRs

O caso de Ma Tin Aung Myo

Um caso relatado por Stevenson envolveu uma menina birmanesa chamada Ma Tin Aung Myo. Ela afirmou ser a reencarnação de um soldado japonês morto durante a Segunda Guerra Mundial.[4] O caso abrange enormes diferenças culturais entre a pessoa que relata as experiências e o indivíduo cujas experiências ela relata.

Em 1942, a Birmânia estava sob ocupação japonesa. Os Aliados bombardeavam regularmente as linhas de abastecimento japonesas, sobretudo as ferrovias. A aldeia de Na-Thul não era exceção, e a importante estação ferroviária em Puang foi fechada. Os ataques regulares tornaram a vida muito difícil para os moradores, que tentavam dar o melhor de si para sobreviver. Na verdade, a sobrevivência significava ter um bom relacionamento com os ocupantes japoneses. Para a aldeã Daw Aye Tin (que mais tarde seria a mãe de Ma Tin Aung Myo), isso significava discutir os méritos relativos das comidas birmanesa e japonesa com o cozinheiro do exército japonês instalado na aldeia, que tinha constituição sólida e normalmente trabalhava sem camisa.

A guerra terminou, e a vida voltou a uma aparente normalidade. No início de 1953, Daw descobriu que estava grávida de seu quarto filho. A gravidez era normal, com a estranha exceção de um sonho recorrente no qual o cozinheiro japonês, com quem ela havia perdido contato há muito tempo, a seguia e anunciava que estava vindo para ficar com sua família. Em 26 de dezembro de 1953, Daw deu à luz uma filha e a chamou de Ma Tin Aung Myo. O bebê era perfeito, com uma pequena exceção: uma marca de nascença, do tamanho de um polegar, na virilha.

À medida que a criança crescia, notou-se que ela tinha muito medo de avião. Toda vez que um deles voava acima de sua cabeça, ela ficava agitada e chorava. Seu pai, U Aye Maung, ficou intrigado com isso, visto que a guerra havia acabado há muitos anos e os aviões eram agora simplesmente máquinas de transporte, e não armas de guerra. Por isso, era estranho que Ma tivesse medo de que o avião atirasse nela. A criança tornou-se cada vez mais sombria, afirmando que queria "ir para casa". Mais tarde, a "casa" tornou-se mais específica: ela queria voltar para o Japão. Quando indagada por que queria isso, ela afirmou que tinha lembranças de ser um soldado japonês instalado em Na-Thul. Ela sabia que tinha sido morta por um tiro de metralhadora disparado por um avião e, por isso, tinha tanto medo de aviões.

À medida que Ma Tin Aung Myo crescia, ela tinha acesso a mais lembranças da vida de sua personalidade anterior. Mais tarde, ela contaria a Ian Stevenson que tinha se lembrado de que a personalidade anterior viera do norte do Japão, que tinha cinco filhos, sendo o mais velho um menino, e que fora um cozinheiro do exército. A partir daí, as lembranças se tornaram mais precisas. A garota se lembrou de que ela (como soldado japonês) estava perto de uma pilha de lenha ao lado de uma árvore de acácia. Ma Tin Aung Myo se descreveu vestindo calças curtas e sem camisa. Um avião aliado o avistou e bombardeou a área ao seu redor. Ele correu para se proteger, mas, nesse meio-tempo, foi atingido por uma bala na virilha, que o matou na mesma hora. A garota descreveu o avião como tendo duas caudas. Mais tarde, isso o identificou como sendo um Lockheed P-38 Lightning, um avião usado pelos Aliados na campanha da Birmânia.

Em sua adolescência, Ma Tin Aung Myo mostrou traços masculinos característicos. Ela cortou o cabelo curto e se recusou a usar roupas femininas. Isso acabou levando-a a abandonar a escola.

Entre 1972 e 1975, Ma Tin Aung Myo foi entrevistada três vezes por Ian Stevenson. Ela explicou que queria se casar com uma mulher e tinha uma namorada firme. Disse que não gostava do clima quente da Birmânia nem de sua comida picante. Ela preferia pratos de *curry* altamente adocicados. Quando era mais nova, adorava comer peixe semicru e só perdeu essa preferência quando uma espinha de peixe ficou presa em sua garganta.

As lembranças reais do soldado japonês estavam incompletas na mente de Ma. Por exemplo, ela tinha um conhecimento distinto das circunstâncias de sua morte, mas não se lembrava do nome do soldado, do nome de seus filhos ou de sua mulher, nem de seu lugar de origem no norte do Japão. Stevenson não pôde investigar a veracidade dessas experiências no Japão.[5]

Outros casos no subcontinente indiano

Stevenson descreveu como uma menina do Sri Lanka se lembrou de uma vida na qual ela se afogou em um campo de arroz alagado. Ela descreveu que um ônibus passaou e espirrou água sobre ela um pouco antes de ela morrer. Pesquisas subsequentes descobriram que uma menina em uma aldeia vizinha havia se afogado depois de dar um passo para trás, a fim de se desviar de um ônibus que passava enquanto ela caminhava em uma estrada estreita acima de campos de arroz alagados. Ela caiu para trás em um trecho de água profunda e morreu. A menina que manifestou essa experiência tinha, desde uma idade muito tenra, um medo irracional de ônibus. Ela também ficava histérica ao ser colocada perto de águas profundas. Tinha predileção por pães e gostava de comida adocicada. Isso era incomum, pois em sua família ninguém gostava de nenhum dos dois. No entanto, constatou-se que a personalidade anterior tinha preferências pelos dois.[6]

Outro caso típico de Stevenson foi o de Swarnlata Mishra, nascida em uma pequena aldeia em Madhya Pradesh, em 1948. Aos 3 anos de idade, ela começou a ter lembranças espontâneas de uma vida passada, quando era uma menina chamada Biya Pathak, que morava em uma aldeia situada a mais de 161 quilômetros de Madhya Pradesh. Ela descreveu que a casa em que Biya morava tinha quatro quartos e foi pintada de branco.

Ela começou a cantar canções que afirmava conhecer, juntamente com rotinas de dança complexas que eram desconhecidas por sua família e seus amigos atuais. Seis anos depois, ela reconheceu algumas pessoas que tinham sido seus amigos na vida passada. Isso estimulou seu pai a começar a anotar o que ela dizia.

Seu caso gerou interesse fora da aldeia. Um investigador que visitou a cidade descobriu que uma mulher que combinava com a descrição dada por Swarnlata havia morrido nove anos antes. Investigações subsequentes confirmaram que uma garota chamada Biya vivera em tal casa naquela cidade.

O pai de Swarnlata decidiu levar sua filha para a cidade e fazer com que ela fosse apresentada aos membros da família de Biya. Como um teste, a família apresentou pessoas que não estavam relacionadas com a criança. Swarnlata de imediato identificou esses indivíduos como impostores. Na verdade, alguns detalhes de sua vida passada eram tão precisos que todos ficaram surpresos. Por exemplo, Swarnlata descreveu um casamento particular do qual sua personalidade anterior havia participado e no qual ela teve dificuldade para encontrar uma latrina. Isso foi confirmado por aqueles na família que também participaram do casamento.

Ao todo, Ian Stevenson registrou 49 pontos separados sobre a vida de Biya conforme foram descritos por Swarnlata e posteriormente confirmados por uma ou mais testemunhas independentes. Ele considerou esse como um de seus casos mais consistentes relacionados em *Twenty Cases Suggestive of Reincarnation*.[7]

Alguns casos no Ocidente

A investigação de Stevenson sobre casos no Ocidente incluiu um exemplo que envolveu quatro crianças da mesma família. Em 5 de maio de 1957, as irmãs Joanna e Jacqueline Pollock foram atropeladas e mortas por um carro em seu caminho para a escola, em Hexham, no nordeste da Inglaterra. Joanna tinha 11 anos e Jacqueline tinha 6. As irmãs eram muito próximas, e a família ficou devastada pela perda. Um ano depois, Florence Pollock descobriu que estava grávida. Seu marido, John, insistia que sua mulher estava esperando gêmeos, mesmo que os médicos envolvidos afirmassem que só havia um bebê. John estava certo. Em 4 de outubro de 1958, Florence deu à luz as gêmeas Gillian e Jennifer.

Embora as meninas fossem gêmeas idênticas, elas tinham marcas de nascença muito diferentes (gêmeos idênticos em geral têm marcas de nascença idênticas). Jennifer tinha duas marcas de nascença, uma na testa e outra na cintura. Essas marcas não se espelhavam no corpo de sua irmã gêmea, mas sim no corpo de sua irmã morta, Jacqueline. Jacqueline tinha uma marca de nascença no exato local de uma das marcas de

Jennifer, bem como uma cicatriz no mesmo local da segunda marca de nascença de Jennifer.[8]

Quando as gêmeas tinham quatro meses de idade, a família se mudou de Hexham para Whitley Bay. Dois anos e meio depois, a família voltou para uma visita. Para surpresa dos pais, as meninas conheciam bem o caminho em torno da área. Uma das garotas apontou e disse: "A escola fica logo depois daquela esquina". A outra apontou para uma colina e disse: "Nosso parquinho fica ali atrás. Ele tem um escorregador e um balanço".

John acreditava que suas duas filhas perdidas haviam voltado. Florence, uma católica praticante, tinha grandes reservas, pois o conceito de reencarnação estava em desacordo com suas crenças. No entanto, quando as gêmeas tinham 4 anos, aconteceu algo que fez Florence aceitar a possibilidade de um duplo renascimento. Depois da morte de Jacqueline e de Joanna, John tinha colocado seus brinquedos em uma caixa fechada com chave, que não tinha sido aberta desde a ocasião da tragédia, e as gêmeas não tinham consciência de seu conteúdo. John colocou uma seleção dos brinquedos fora do quarto das meninas e, com sua mulher observando, chamou as gêmeas. As meninas identificaram os brinquedos que tinham pertencido a cada uma delas naquelas que pareciam ser suas vidas anteriores. Jennifer pegou uma boneca e disse: "Ah, essa é Mary" e identificou outra boneca como "Suzanne". Ela então se virou para Gillian e disse: "E essa é a sua máquina de lavar roupa". Florence, depois disso, reavaliou sua opinião sobre a reencarnação.

Stevenson considerou que as marcas de nascença eram uma das mais poderosas provas de reencarnação. O doutor Jim Tucker acompanhou Stevenson em seu interesse por marcas de nascença. Tucker afirmou que um terço de todos os casos da Índia envolvem marcas de nascença, que espelham ferimentos presentes nos corpos das personalidades anteriores, e que 18% desses casos — os que tinham registros médicos — confirmaram a correspondência das marcas.[9]

Tucker, que sucedeu Stevenson na Escola de Medicina da Universidade de Virgínia, concentrou suas investigações em evidências de reencarnação em crianças norte-americanas. Um caso foi o de Patrick Christenson, que nasceu por parto cesariano em Michigan, em março de 1991. Seu irmão mais velho, Kevin, havia morrido de câncer doze anos antes, com 2 anos de idade. As primeiras evidências do câncer de Kevin foram apresentadas seis meses antes de sua morte, quando ele começou a andar e mancava visivelmente. Certo dia ele caiu e quebrou a perna. Testes foram feitos e, depois de uma biópsia em um pequeno nódulo em seu couro cabeludo, logo acima de sua orelha direita, descobriu-se que o pequeno Kevin tinha câncer metastático. Logo foram encontrados tumores crescendo em outros locais de seu corpo. Um deles cresceu fazendo seu olho projetar-se para fora e, com o tempo, causou cegueira nesse olho. Kevin foi submetido a sessões de quimioterapia, as quais resultaram em cicatrizes no lado direito de seu pescoço. Por fim, três semanas depois de seu segundo aniversário, ele faleceu em decorrência de sua doença.

Ao nascer, Patrick tinha uma marca de nascença oblíqua, com a aparência de um pequeno corte, no lado direito do pescoço, exatamente no mesmo local da cicatriz provocada pela quimioterapia de Kevin. Ele também tinha um nódulo no couro cabeludo logo acima de sua orelha direita e uma turvação do olho esquerdo, que foi diagnosticado como um leucoma na córnea. Quando começou a andar, mancava de maneira visível.

Quando tinha quase 4 anos e meio de idade, Patrick disse à mãe que queria voltar para sua velha casa laranja e marrom. Essa era a cor exata da casa em que a família morava em 1979, quando Kevin estava vivo. Ele então perguntou à mãe se ela se lembrava de ele ter feito uma cirurgia. Ela respondeu que não podia se lembrar disso porque é algo que nunca tinha acontecido com ele. Patrick, então, apontou para um lugar logo acima de sua orelha direita. Ele acrescentou que não se lembrava da operação porque estava dormindo.

Em 2005, Tucker publicou um livro intitulado *Life Before Life: A Scientific Investigation of Children's Memories of Previous Lives.** Um caso que ele citou é o de Kendra Carter, da Flórida. Aos 4 anos de idade, Kendra começou a ter aulas de natação na piscina local. Ela desenvolveu um apego instantâneo por sua treinadora de natação, Ginger. Quando estava com Ginger, Kendra estava feliz e satisfeita, mas, nos dias em que não a via, ficava quieta e retraída. Esse comportamento preocupou seus pais. Certa noite, ela explicou à sua mãe que Ginger tivera um bebê que morrera, que a treinadora estava doente e empurrara o bebê para fora dela. Isso intrigou a mãe de Kendra. Ela estivera com Kendra em todos os momentos durante as aulas de natação. Era impossível que Ginger tivesse contado a Kendra algo sobre o seu passado. Na verdade, esse não era o tipo de assunto que uma mulher contaria para uma criança de 4 anos. No entanto, as coisas se tornaram não apenas estranhas, mas também um tanto preocupantes para a mãe de Kendra, uma cristã conservadora, quando, ao ser indagada sobre o bebê de Ginger, Kendra respondeu: "Eu sou o bebê que estava na barriga dela".[10] A menina então passou a descrever como foi puxada para fora da barriga de Ginger. Mais tarde, descobriu-se que nove anos antes Ginger tivera um aborto. Isso era totalmente desconhecido para a mãe de Kendra ou para qualquer outra pessoa ao redor dela.

Outro caso envolveu um menino de 18 meses chamado Sam Taylor. Quando sua fralda estava sendo trocada, ele olhou para seu pai e disse: "Quando eu tinha sua idade, eu costumava trocar suas fraldas". Mais tarde, Sam revelou detalhes sobre a vida de seu avô que eram muito precisos. Ele disse que a irmã de seu avô tinha sido assassinada e que sua avó fizera *milkshakes* para seu avô usando um processador de alimentos. Os pais de Sam estavam convencidos de que nenhum desses assuntos havia sido discutido na presença dele. Quando tinha 4 anos,

---

* *Vida Antes da Vida: Uma Pesquisa Científica das Lembranças que as Crianças Têm de Vidas Passadas*, Editora Pensamento, São Paulo, 2007 (fora de catálogo).

mostraram a Sam várias fotos velhas de família espalhadas sobre uma mesa. Sam alegremente identificou seu avô dizendo o tempo todo: "Este sou eu!". Em uma tentativa de testá-lo, sua mãe selecionou uma antiga foto de escola que retratava toda a classe do avô quando um jovem garoto. Havia outros dezesseis meninos na fotografia. Sam apontou de imediato para um deles, mais uma vez anunciando que aquele era ele. Ele estava certo.[11]

REENCARNAÇÃO: O QUE AS EVIDÊNCIAS NOS DIZEM

As ETRs podem ser vívidas e convincentes na medida em que parecem ser testemunho de que uma personalidade previamente viva encarnou-se no sujeito. Essa crença é reforçada pela observação de que as marcas de nascença no corpo do sujeito correspondem às características corporais da pessoa que ele aparentemente encarna. Esse caso se mostra ainda mais surpreendente quando a personalidade estrangeira sofreu ferimentos corporais. As marcas ou deformações correspondentes às vezes reaparecem no sujeito.

Muitos observadores desse fenômeno, incluindo o próprio Stevenson, sustentaram que marcas de nascença que combinam são evidências significativas de reencarnação. No entanto, a coincidência de marcas de nascença e outras características corporais em uma criança com o destino de uma pessoa que existiu antes não garante necessariamente que essa pessoa reencarnou na criança. Também poderia ocorrer que o cérebro e o corpo da criança com as dadas marcas de nascença e características corporais estejam especialmente adaptados para se lembrar da experiência de uma personalidade com marcas de nascença e deformidades semelhantes. (A natureza dessa recordação — considerada com base na dimensão profunda que chamaremos de Akasha — é explorada no Capítulo 9.)

Essa explicação das "ETRs" é claramente ilustrada em um caso incomum relatado por Stevenson.[12] Ele se refere a uma mulher que, mais tarde na vida — não na primeira infância —, pareceu repentinamente possuída por uma consciência que teria sido a de uma mulher que viveu há 150 anos.

Uttara Huddar tinha 32 anos quando uma personalidade chamada Sharada surgiu em sua consciência. Huddar não se lembrava de uma personalidade estrangeira antes disso. Ela era uma pessoa instruída, com dois mestrados, um em inglês e outro em administração pública, e proferiu palestras na Universidade Nagpur, na cidade onde nasceu. Sharada, a personalidade estrangeira, não falava os idiomas que Huddar podia falar (Huddar falava marati e um pouco de hindi, além do inglês), mas ela falava o bengali, um idioma em que Huddar se expressava apenas de maneira rudimentar. Além disso, o bengali que Sharada falava não era o bengali moderno, mas o que se falava por volta de 1820-1830, o período em que ela parece ter vivido. Ela pedia alimentos e outras particularidades étnicas daquela época e não reconheceu a família e os amigos de Huddar.

Huddar tinha fobia por cobras. Sua mãe lhe dissera que, durante o período de gravidez, ela sonhava repetidamente que era picada no pé por uma cobra. Sharada, a personalidade estrangeira, lembrou que, quando estava grávida de sete meses, ela foi picada por uma cobra enquanto colhia flores. Ela ficou inconsciente, mas não se lembrou de ter morrido. Ela tinha 22 anos na época.

Isso sugere que Sharada não se "encarnara" em Huddar, pois, antes dos 32 anos de idade, Huddar nada sabia a respeito da existência de Sharada, ou do idioma que falava e do meio social em que vivia. Mas a experiência compartilhada de ser picada por uma cobra poderia fornecer uma explicação alternativa. Como jovem mulher, é possível que essa experiência tivesse levado Huddar a "evocar" a personalidade de Sharada do plano que chamaremos de dimensão Akasha.

Uma explicação semelhante aplica-se aos casos em que os amigos ou parentes do sujeito e a personalidade estrangeira têm a mesma identidade cultural. O fato de que Virginia Tighe ("Bridey") tinha conhecidos e parentes irlandeses não é evidência de que ela adquirira seu conhecimento notável do ambiente irlandês por meios comuns. Porém, é uma indicação de que, graças a essas influências, ela estava mais bem adaptada para recordar a experiência de um indivíduo que vivera na Irlanda.

Porém, independentemente da interpretação que atribuímos às evidências, permanece o fato de que, se a pessoa "revivenciada" de fato "reencarnou" no indivíduo ou se a consciência de quem morreu foi apenas "evocada" (ao que tudo indica, de um nível mais profundo da realidade), está além de qualquer dúvida razoável o fato de que uma pessoa falecida pode ser "revivenciada", e, ao que tudo indica, revivida, por uma pessoa viva.

A CONSCIÊNCIA ALÉM DO CÉREBRO
Uma Primeira Conclusão com Base nas Evidências

Que conclusão podemos extrair das evidências examinadas nos seis capítulos desta Parte 1 do livro? Nossa conclusão pode ser resumida da seguinte maneira: Parece que *nas experiências de quase morte, na percepção de aparições e visões, na comunicação após a morte, na comunicação transmitida por meio de instrumentos e por médiuns, nas recordações de vidas passadas, bem como nas experiências do tipo reencarnação, "algo" é vivenciado, contactado e comunicado com o que parece ser uma consciência humana. As evidências nos dizem que esse "algo" não é um registro passivo da experiência de uma pessoa falecida, mas de uma entidade dinâmica e inteligente que se comunica, troca informações e pode exibir um desejo de se comunicar.*

Se essa conclusão é sólida, temos boas razões para sustentar que a consciência persiste além do cérebro. Como isso é possível? A persistência da consciência além do cérebro e do corpo com os quais ela estava associada exige uma explicação. Na Parte 2, vamos sugerir uma explicação que não é destinada especificamente a essa finalidade, nem é esotérica, mas baseia-se em *insights* que estão emergindo na vanguarda da ciência contemporânea e das pesquisas sobre a consciência.

PARTE 2

A CIÊNCIA

O Cosmos e a Consciência

7

A Redescoberta da Dimensão Profunda

Nossas explorações na Parte 1 nos levaram à conclusão de que, ocasionalmente, existe "alguma coisa" que podemos experimentar, com a qual podemos entrar em contato e até mesmo nos envolver em atividade de comunicação, "alguma coisa" que parece ser uma consciência não mais associada a um cérebro e a um corpo vivos. Perguntamos agora: "O que isso significa para a nossa compreensão do mundo, da mente e da consciência no mundo? Que tipo de mundo é esse no qual a consciência pode persistir além da morte do corpo?". Voltamo-nos para as descobertas notáveis da ciência de ponta a fim de explorar uma resposta digna de crédito a essa questão tão antiga.

É claro que um mundo no qual a consciência pode persistir além de um cérebro e de um corpo vivos não é o mundo descrito pela moderna ciência oficial. O conceito de um mundo no qual as coisas materiais têm uma localização única no espaço e no tempo precisa ser reconsiderado, juntamente com os conceitos de mente e de consciência explicados como fenômenos produzidos por um cérebro material.

O tipo de mundo e o tipo de mente e de consciência capazes de responder por nossas descobertas podem ser elucidados no contexto dos desenvolvimentos mais recentes da ciência. Novas descobertas estão vindo à luz, em particular na teoria quântica de campos, na cosmologia e nas novas pesquisas sobre o cérebro. Um novo paradigma está emergindo na vanguarda da ciência — um paradigma no qual a informação, mais do que a matéria, é a realidade básica e no qual o espaço e o tempo, e as entidades que emergem e que evoluem no espaço e no tempo, são manifestações de uma realidade mais profunda, além do espaço e do tempo.

O PARADIGMA AKÁSHICO

O paradigma emergente na ciência é uma inovação revolucionária com relação ao conceito oficial de um universo no qual as entidades materiais ocupam pontos separados e únicos no espaço e no tempo, mas não é novo na história do pensamento. Os principais pensadores e cientistas têm falado muitas vezes sobre a unicidade do mundo, arraigada em uma dimensão oculta ou profunda. Os *rishis* da Índia antiga (literalmente videntes, os sábios da Tradição Hindu ligados à literatura védica) consideravam a dimensão profunda como o quinto, e mais fundamental, elemento do cosmos. Eles o denominavam *Akasha*, palavra sânscrita cujo significado é espaço ou éter. Adotamos esse termo porque ele pode nos proporcionar um conceito — que tem uma base científica — de um mundo em que a consciência é parte do elemento básico — ou, concebivelmente, *é* o elemento básico.

A DIMENSÃO PROFUNDA NA HISTÓRIA E HOJE

A ideia de que existe uma dimensão profunda é uma percepção perene, um aguçado *insight* que nos afirma: o mundo que observamos não é a realidade última. É a manifestação de uma realidade que está além do plano de nossa observação.* Os filósofos do ramo místico na metafísica grega — os idealistas e a escola eleática, que incluíam pensadores como Pitágoras, Platão, Parmênides e Plotino — estavam unidos em sua afirmação da existência de uma dimensão profunda. Para Pitágoras, essa dimensão era o Kosmos, uma totalidade transfísica, ininterrupta — inconsútil e sem divisões —, o terreno anterior a tudo e do qual, e sobre o qual, emergem a matéria e a mente e tudo o que existe no mundo. Para Platão, era o reino das Ideias e das Formas, e para Plotino era "o Uno". Platão deixou bem claro que o mundo que vivenciamos com os nossos sentidos é um mundo secundário, um mundo que confundimos com a realidade. No famoso diálogo *A República*, ele nos ofereceu a metáfora que veio a ser conhecida como a "parábola da Caverna". Platão faz Sócrates descrever um grupo de pessoas que viviam presas por correntes às paredes de uma caverna. Elas observam as sombras projetadas sobre as paredes por uma fogueira que está atrás delas e passam a acreditar que as sombras são o mundo real. No entanto, o mundo real está atrás delas. É uma dimensão que está escondida delas. O mesmo conceito básico está presente nas tradições de sabedoria do Oriente. No budismo mahayana, por exemplo, o *Lankavatara Sutra* descreve a "dimensão causal" do mundo que dá origem aos fenômenos "grosseiros" que nos são visíveis. Os místicos e filósofos do Oriente e do Ocidente estavam certos de que o mundo que observamos é ilusório, efêmero e de curta duração, enquanto há uma dimensão profunda que é real, eterna e eternamente imutável.

Na aurora da idade moderna, Giordano Bruno — teólogo, filósofo, escritor e frade dominicano — introduziu o conceito de uma dimensão profunda no âmbito da ciência moderna. O universo infinito, disse ele, é preenchido por uma substância invisível chamada *aether* ou *spiritus*. Os corpos celestes não são pontos fixos nas esferas cristalinas da cosmologia

---

* Ver Ervin Laszlo, *Science and the Akashic Field*, Inner Traditions, Rochester, Vt., 2004 e 2007. [*A Ciência e o Campo Akáshico*, Editora Cultrix, São Paulo, 2008, fora de catálogo.]

aristotélica e ptolemaica, mas se movem sem resistência nessa esfera cósmica não observável animados por seu próprio impulso.

No século XIX, Jacques Fresnel deu vida nova a essa ideia, atribuindo a esse meio não observável que preenche todo o espaço o nome de *éter*. O éter, em sua visão, é uma substância quase material, e o movimento dos corpos celestes em meio a essa substância produz atrito. Embora o éter não seja observável em si mesmo, o atrito que ele produz gera um "arrasto do éter", e o arrasto do éter precisa produzir um efeito observável.

Pouco depois da virada do século XX, os físicos Albert Michelson e Edward Morley testaram a hipótese de Fresnel. Eles argumentaram: uma vez que a Terra se move através do éter, a luz que atinge o nosso planeta vinda do Sol precisa exibir um arrasto do éter: no sentido voltado para a fonte de luz, os feixes luminosos devem nos alcançar mais depressa do que no sentido oposto.

Entretanto, os experimentos de Michelson-Morley falharam em detectar um arrasto que pudesse ser atribuído ao atrito produzido pelo movimento da Terra através do éter. Embora Michelson tenha observado que esse fracasso não refutava a existência do éter, mas apenas de uma determinada teoria mecanicista do éter, a comunidade da física considerou o resultado negativo do experimento como uma evidência da inexistência do éter. Quando Einstein publicou sua teoria especial da relatividade, o conceito do éter foi descartado. Dizia-se então que todos os movimentos no espaço — mais exatamente, no *continuum* espaçotemporal quadridimensional — eram relativos a um determinado referencial, ou sistema de referência. Não eram movimentos contra um fundo fixo, tal como um espaço preenchido pelo éter.

No entanto, na segunda metade do século XX, os físicos restabeleceram a ideia de um plano não observável da realidade, que se situaria além dos fenômenos observados. Por exemplo, no Modelo-Padrão da física das partículas, as entidades básicas do universo não são coisas materiais independentes, mesmo quando são dotadas de massa. Elas são parte da matriz unificada subjacente ao espaço. As entidades básicas da matriz são quantizadas: são *quanta* (as menores unidades identificáveis de matéria-energia convencionalmente chamadas de "matéria") elementares ou compostos. A própria matriz é mais fundamental do que qualquer partícula que apareça nela. As partículas são pontos críticos, cristalizações ou condensações dentro dela. A matriz, conhecida como *campo unificado* ou *grande campo unificado*, *nuéter* ou *plenum cósmico*, abriga todos os campos e forças, constantes e entidades que aparecem no espaço-tempo. Ela não faz parte do espaço-tempo físico. A matriz cósmica está além do espaço-tempo e ao mesmo tempo é anterior a ele. No novo paradigma que examinamos aqui, a matriz é a dimensão cósmica profunda: "o Akasha".

A REDESCOBERTA DO AKASHA NA CIÊNCIA CONTEMPORÂNEA

A física contemporânea, sobretudo a teoria quântica de campos e a cosmologia baseada na física quântica, afirma a presença no mundo de um plano fundamental, ainda intrinsecamente não observável. As teorias mais recentes destacam mais e mais facetas desse plano.

No outono de 2012, realizou-se a descoberta de um novo estado da matéria, conhecido como estado FQH (*Fractional Quantum Hall*, ou estado [do efeito] Hall quântico fracionário). Essa descoberta sugere que as partículas que compõem a "matéria" no espaço-tempo são excitações de uma matriz não material subjacente. De acordo com o conceito antecipado por Ying Ran, Michael Hermele, Patrick Lee e Xioao-Gang Wen, do MIT, todo o universo é constituído por essas excitações que ocorrem na matriz subjacente. Elas se manifestam seja como ondas, seja como partículas: tecnicamente, são descritas pelas equações de Maxwell para as ondas eletromagnéticas e pelas equações de Dirac para os elétrons.[1]

Na teoria proposta por Xioao-Gang Wen, do MIT, e Michael Levin, de Harvard, os elétrons e outras partículas são as extremidades de cordas entretecidas em "redes de cordas". Elas se movem no meio subjacente "como macarrão em uma sopa". Diferentes padrões que ocorrem em seu comportamento respondem por elétrons e por ondas eletromagnéticas, assim como pelos *quarks*, que compõem prótons e nêutrons, e pelas partículas que compõem as forças fundamentais, os seja, os glúons e os bósons W e Z. O movimento das redes de cordas corresponde à "matéria" e à "força" no universo. A própria matriz é um líquido de redes de cordas no qual as partículas são excitações entrelaçadas: "redemoinhos". O espaço vazio corresponde ao estado fundamental desse líquido, e as excitações acima do estado fundamental constituem as partículas.

Em 2013, uma nova descoberta deu ênfase e apoio à ideia de uma dimensão akáshica profunda no cosmos. A nova descoberta — o objeto geométrico chamado *amplituedro* — sugere que os fenômenos espaçotemporais (o mundo que observamos) são consequências de relações geométricas que ocorrem em uma dimensão mais profunda do cosmos. Codificados no volume e nas áreas das faces desse objeto estão as características básicas mensuráveis do universo: as probabilidades dos resultados que emergem das interações de partículas.[2]

A descoberta do amplituedro permite uma grande simplificação no cálculo das "amplitudes de espalhamento" que se manifestam nas interações entre partículas. Antes dessa descoberta, o número e a variedade das partículas que resultam da colisão de duas ou mais partículas — a amplitude de espalhamento dessa interação (ou dessas interações) — eram calculados pelos chamados diagramas de Feynman, propostos pela primeira vez por Richard Feynman em 1948. Mas o número de diagramas necessários para esses cálculos é tão grande que até mesmo interações simples não podiam ser calculadas de modo completo. Por exemplo, a descrição da amplitude de espalhamento envolvida na colisão de dois glúons — que resulta em quatro glúons menos energéticos — exige 220 diagramas de Feynman com milhares de termos. Até poucos anos atrás, isso era considerado complexo demais para ser realizado até mesmo com a ajuda de supercomputadores.

Em meados da década de 2000, emergiram padrões em interações de partículas que indicavam uma estrutura geométrica coerente. Essa estrutura foi inicialmente descrita por relações matemáticas que vieram a ser conhecidas como "relações recursivas BCFW" (assim chamadas para homenagear os físicos Ruth Britto, Freddy Cacharo, Bo Feng e Edward Witten). Os diagramas das BCFWs abandonam variáveis como posição e tempo e as substituem por variáveis estranhas — chamadas "twistores" — que estão além do espaço e do tempo. Elas sugerem que, no domínio não espaçotemporal, dois princípios fundamentais da física quântica de campos não se sustentam: a *localidade* e a *unitariedade*. Isso significa que as interações de partículas não estão limitadas a posições locais no espaço e no tempo e que as probabilidades de ocorrência de seus resultados não têm soma igual a um. O amplituedro é uma elaboração da geometria dos diagramas de twistores BCFWs. Graças a esses diagramas, os físicos podem agora calcular as amplitudes de espalhamento das interações de partículas em referência a um objeto geométrico não espaçotemporal subjacente.

Um amplituedro multidimensional no Akasha poderia permitir a computação das interações de todos os *quanta* e de todos os sistemas constituídos de *quanta* ao longo de todo o espaço-tempo. A localidade e a unitariedade que aparecem no espaço-tempo manifestam-se como *consequências* dessas interações.

De acordo com Nima Arkani-Hamed, do Instituto de Estudos Avançados de Princeton, e seu ex-aluno Jaroslav Trnka, a descoberta do amplituedro sugere que o espaço-tempo, se não for inteiramente ilusório, não é fundamental: é o resultado de relações geométricas que ocorrem em um nível mais profundo.[3]

O AKASHA E O MUNDO MANIFESTO

O conceito de uma dimensão akáshica profunda tem enormes implicações para a nossa compreensão da natureza fundamental da realidade. O Akasha não está *no* espaço e *no* tempo. Ele é anterior às entidades, leis e constantes que aparecem no espaço-tempo. Podemos compreender melhor esse conceito revolucionário graças à sua analogia com os sistemas eletrônicos de informação.

A relação entre a dimensão akáshica — que não é observável nem espaçotemporal — e a dimensão espaçotemporal observável é análoga à relação entre o *software* de um sistema de informação e o seu comportamento. O *software* determina como o sistema atua, e essas ações se refletem na tela do monitor. O computador está ativo e a tela reflete essa atividade. Mas o *software* não muda como resultado dessa atividade. Até que, e a não ser que, ele seja modificado, ele permanece o que ele é: um conjunto de algoritmos que governa o comportamento do sistema. É o *logos* imutável, e não a *dinâmica* mutável do sistema.

Quando aplicamos essa analogia ao mundo real, concluímos que Akasha é o algoritmo que governa os campos e as forças que regulam o comportamento das partículas e dos sistemas de partículas no mundo. É o *logos* do universo, o *software* imutável que governa eventos no espaço-tempo.

O FENÔMENO DO ENTRELAÇAMENTO

A vanguarda da ciência postula a interconexão intrínseca de todas as coisas no espaço-tempo. As interações entre os *quanta*, as menores unidades identificáveis de matéria-energia, revelam-se instantâneas: os *quanta* estão "entrelaçados". Essa interação instantânea transcende as fronteiras dos conceitos clássicos de espaço e tempo.

O entrelaçamento no espaço — que é a interconexão instantânea entre *quanta* separados por qualquer distância finita — é conhecido desde a demonstração experimental do chamado experimento EPR na década de 1970. Uma medição realizada em uma partícula pertencente a um par de partículas que antes existiram no mesmo estado quântico exerce um efeito imediato sobre a outra partícula, independentemente da distância espacial que as separa.

Por sua vez, o entrelaçamento no tempo foi confirmado na primavera de 2013 por experimentos realizados no Instituto de Física Racah da Universidade Hebraica de Jerusalém. Os físicos Megidish, Halevy, Sachem, Dvir, Dovrat e Eisenberg codificaram um fóton em um estado quântico específico e, em seguida, destruíram esse fóton. Tanto quanto pode ser verificado, não havia nenhum fóton no espaço-tempo nesse estado quântico particular. A equipe de pesquisadores então codificou outro fóton para o mesmo estado quântico. Eles descobriram que o estado da segunda partícula se entrelaçou instantaneamente com o estado da primeira, embora esta última já não existisse mais. Pelo que parece, partículas que nunca existiram no mesmo estado quântico ao mesmo tempo também podem ser entrelaçadas. Os pesquisadores perceberam que isso só poderia ocorrer se o estado do primeiro fóton se conservasse no espaço-tempo.[4]

Experimentos repetidos envolvendo o entrelaçamento mostram que não apenas *alguns quanta* estão entrelaçados além dos confins clássicos do espaço e do tempo, mas *todos* os *quanta* o estão. O universo manifesto se revela como uma totalidade instantânea e intrinsecamente interconectada. Essa é uma descoberta revolucionária. Ela exige uma revisão de nossa compreensão da natureza e da origem das leis que governam a existência e a ação no universo manifesto. Há novos desenvolvimentos na vanguarda da física mostrando que essa reavaliação está hoje em andamento.

A TEORIA DO ESPAÇO-TEMPO HOLOGRÁFICO

Um dos desenvolvimentos mais promissores é a teoria de que o espaço-tempo é uma matriz cósmica entrelaçada. No conceito emergente, o espaço-tempo é um holograma 3D codificado por códigos bidimensionais em sua fronteira. Os fenômenos que experimentamos são projeções 3D desses códigos 2D.

A experiência com hologramas nos diz que, em uma placa ou chapa holográfica, filme ou qualquer outro suporte físico que registre dados holográficos, toda a informação que cria a imagem tridimensional observada está simultaneamente presente em todos os pontos do registro no suporte físico. Se o próprio espaço-tempo fosse um suporte holográfico,** isso

** Repare que, nessa visão de Laszlo, a suposição de que o próprio espaço-tempo é, simultaneamente, um suporte holográfico e um holograma nos leva a reconhecer que tudo no espaço-tempo, significaria que todos os *quanta*, todos os sistemas compostos de *quanta* e toda a informação que cria os *quanta* e os sistemas de *quanta* existiriam simultaneamente, permeando todo o espaço-tempo. Qualquer mudança no estado de um conjunto de *quanta* seria refletida no estado de todos os *quanta*. A modificação seria instantânea, uma vez que a informação que determina os vários estados quânticos está presente para todos os *quanta* ao mesmo tempo.

A hipótese do espaço-tempo holográfico encontra apoio experimental na modificação instantânea do estado quântico de partículas distantes que tinham inicialmente ocupado o mesmo estado quântico. Isso foi demonstrado pela comprovação em laboratório do experimento de pensamento que ficou conhecido como Paradoxo EPR (Einstein-Podolsky-Rosen). Uma vez que o próprio espaço-tempo é um holograma e que todos os *quanta* estão entrelaçados com todos os outros *quanta*, modificações no estado de qualquer *quantum* serão refletidas no estado de todos os *quanta*.

A teoria de que o espaço-tempo é um meio, ou suporte, holográfico foi confirmada na primavera de 2013. O detector alemão de ondas gravitacionais GEO600 foi construído para procurar "ondas gravitacionais", ondulações na curvatura do espaço-tempo que se propagam como ondas, viajando para fora da fonte, como Einstein previra em 1916. O GEO600 encontrou inomogeneidades no nível fundamental do espaço, mas elas não eram ondas gravitacionais. Craig Hogan, físico do Fermilab, sugeriu que poderiam ser as ondulações que, segundo a teoria das cordas, padronizariam a microestrutura do espaço. Esse seria o caso se as microinomogenei-

---

inclusive nós mesmos, além de sermos hologramas, somos também suportes para a própria realidade holográfica una, que se propaga por todo o universo. Todo o universo está contido em cada um de nós, assim como o grão de areia de Blake contém um mundo. Esse fato evidencia uma relação não dualista entre suporte e imagem holográfica. A própria física quântica já havia introduzido relações não dualistas na ciência, como a indissolubilidade entre sujeito e objeto no ato que colapsa a função de onda. Com essa suposição, Laszlo sugere outra situação em que a identidade não dualista profunda entre o universo e o seu suporte emerge espontaneamente do próprio desenvolvimento interno da ciência. Nas páginas 145, 146 e 147, vemos Laszlo sugerir outra relação não dualista fundamental, dessa vez envolvendo o próprio campo akáshico. (N.T.)

dades do espaço-tempo fossem projeções 3D de códigos 2D presentes na superfície esférica. Essa hipótese pode ser testada contra a observação.

Consideremos que o volume do espaço-tempo tem por raio a distância que a luz percorreu em todas as direções desde o Big Bang até a época atual, o lapso de aproximadamente 13,8 bilhões de anos que transcorreram desde então. Suponhamos ainda que essa superfície esférica limítrofe é "constituída" (*papered*) por códigos 2D formados por quadrados, nos quais cada lado é igual ao comprimento de Planck, isso é, 10^{-35} metro, sendo que cada um deles codifica um *bit* de informação, formando um mosaico infinito de quadradinhos justapostos. Os eventos no volume do espaço-tempo seriam então projeções 3D desses códigos 2D que constituem a superfície limítrofe. Dado que o volume do espaço-tempo é "maior" que sua superfície limítrofe (a diferença pode ser calculada dividindo-se a área dessa superfície pelo volume que ela contém), segue-se que se os códigos 2D na superfície são quadrados planckdimensionais, os eventos 3D dentro do volume devem ser da ordem de 10^{-16} metro. Ora, descobriu-se que as ondulações encontradas pelo detector de ondas gravitacionais GEO600 têm precisamente essa ordem de grandeza.

Confirmações adicionais da teoria do espaço-tempo holográfico foram fornecidas por Yoshifumi Hyakutake e colegas da Universidade Ibaraki, no Japão. Eles computaram a energia interna de um buraco negro, a posição de seu horizonte de eventos, sua entropia e várias outras propriedades baseadas nas previsões da teoria das cordas e os efeitos das partículas virtuais. Em seguida, Hyakutake, Masanori Hanada, Goro Ishiki e Jun Nishimura calcularam a energia interna do cosmos correspondente, mas de dimensão inferior e sem gravidade. Eles descobriram que os dois cálculos se correspondem, demonstrando que a energia interna de um buraco negro e a energia interna do cosmos correspondente de dimensão inferior são as mesmas.[5] Isso fornece uma indicação de que os buracos negros, do mesmo modo que o cosmos como um todo, são holográficos.

INTEGRALIDADE E TOTALIDADE ALÉM DO ESPAÇO-TEMPO

A hipótese holográfica afirma que os eventos tridimensionais entrelaçados que emergem no espaço-tempo não são realidades finais, mas projeções de códigos holográficos existentes em um nível mais profundo da realidade. Esses códigos não estariam necessariamente na periferia do espaço-tempo (como foi sugerido por Hogan, entre outros), nem estariam, ao que tudo indica, em outro universo (como foi proposto por Brian Greene). Seria mais racionalmente convincente considerá-los inerentes ao quinto elemento postulado pelos *rishis*: o Akasha.

O paradigma akáshico considera que os eventos no espaço-tempo são manifestações de relações fundamentais que ocorrem na dimensão akáshica profunda. Essa dimensão é um todo integral, uma totalidade holográfica sem espaço nem tempo. A dimensão akáshica A é o *logos* unitário do cosmos.

8
A Consciência no Cosmos

Sua consciência não é sua consciência.
É a manifestação do anseio do cosmos por si mesmo.
Ela vem até você através de você, mas não vem de você. *

A consciência além do cérebro — a consciência que encontramos em nossa revisão das experiências de quase morte, na comunicação após a morte, na comunicação obtida por meio de um médium, na transcomunicação instrumental, nas recordações de vidas passadas e em experiências sugestivas de reencarnação — não é uma entidade material no mundo manifesto. É um elemento intrínseco ao Akasha, a dimensão profunda do cosmos.

A ideia de que a consciência pertence a uma dimensão mais profunda da realidade é uma intuição perene. Os grandes mestres espirituais, poetas e até mesmo cientistas sempre nos disseram que a consciência não está "no" cérebro e não faz parte do mundo em que o cérebro existe. Ela é parte da mente ou inteligência que permeia todo o cosmos. A consciência aparece

---

* Paráfrase das palavras de Khalil Gibran sobre as crianças em *O Profeta*:
Seus filhos não são seus filhos.
Eles são os filhos e filhas do anseio da Vida por si mesma.
Eles vêm através de você, mas não vêm de você.

no espaço e no tempo como uma manifestação localizada (e, no entanto, ela é não local). Erwin Schrödinger disse isso claramente: a consciência é una — ela não existe no plural.

Assim como as partículas e os sistemas de partículas no espaço-tempo são projeções de códigos e relações existentes na dimensão akáshica profunda, a consciência associada com os organismos vivos é uma manifestação — uma projeção holográfica — da consciência unitária que não existe meramente nessa dimensão, mas, efetivamente, *é* essa dimensão.**

O CONCEITO AKÁSHICO DE CONSCIÊNCIA

Se a consciência é uma manifestação holográfica da consciência unitária do cosmos, ela então está presente em todo o espaço e em todos os tempos. A consciência está presente no reino mineral, no mundo vivo e nos sistemas

** Com essa identidade expressa pelo "é", Laszlo torna explícita aqui sua concepção não dualista entre o Akasha, a "dimensão profunda do cosmos", e a "consciência unitária", em vez de levar para o domínio akáshico o velho e rançoso dualismo de Descartes entre mente e matéria. Não há, portanto, dualismo algum entre o Akasha e a mente universal. É muito instigante o fato de que essa visão de Laszlo espelhe perfeitamente uma visão muito parecida do budismo Dzogchen (uma das linhas mais revolucionárias da espiritualidade atual — talvez a mais revolucionária), claramente expressa, por exemplo, na visão de Longchenpa, um de seus grandes "doutores", que viveu no século XIV. O grande nome contemporâneo do Dzogchen Radical, Keith Dowman, em sua tradução de uma obra de Longchenpa, explicita essa proximidade holográfica ao afirmar que "a natureza da mente abrange tudo,/cada experiência é um todo ilimitado,/e o espaço-tempo é o terreno de onde ela emerge". Para essa visão, a "natureza da mente" e o "terreno que é o espaço-tempo de onde ela emerge" constituem uma só unidade não dualista. Em palavras do próprio Longchenpa, a *mente primordial* ou *mente luminosa* (que é universal e só pode ser atingida pelo iniciado depois que o dualismo que cria o ego e a mente convencional é desativado) é idêntica ao *espaço básico dos fenômenos* (ou *dharmadhatu*). É muito estimulante constatar que o não dualismo que identifica a mente luminosa e o espaço básico dos fenômenos tenha uma perfeita correlação com o não dualismo que identifica a dimensão akáshica e a consciência unitária. Essa correlação pode parecer apenas metafórica, mas é justamente nossa dependência do dualismo que confere uma consistência ilusória a essa aparência. Além disso, no Dzogchen, a infinita multiplicidade dos fenômenos — os quais, em última análise, são vazios e ilusórios — emerge incessantemente do espaço básico, assim como a infinita atividade produtiva de partículas e antipartículas virtuais emerge incessantemente do vácuo quântico (que, para Laszlo, corresponde à dimensão akáshica profunda). Talvez tudo o que precisamos para conquistar a tão sonhada unificação entre ciência e religião seja simplesmente libertar o nosso olhar da prisão do dualismo e as doutrinas científicas e religiosas das garras do fundamentalismo. (N.T.)

sociais e ecológicos constituídos por seres humanos e outros organismos. Está presente no nível dos *quanta*, em uma das extremidades do espectro que prossegue qualificando tudo na natureza de acordo com seu tamanho e sua complexidade, e, na outra extremidade, está presente no nível das galáxias.

Mas a consciência e os sistemas e organismos com os quais ela está associada existem em diferentes planos da realidade. As partículas e as entidades compostas de partículas são partes do mundo manifesto, enquanto a consciência que pode estar associada a elas é um elemento da dimensão profunda.

Essa percepção explica enigmas que, de outra maneira, não são resolvidos. Entre outras coisas, ela supera o problema da "questão difícil" que surge nas pesquisas sobre a consciência: "Como algo material como o cérebro pode produzir algo imaterial como a consciência?" Esse enigma não precisa ser resolvido, pois repousa sobre falsas premissas. Não há necessidade de responder como o cérebro produz a consciência porque eles estão em planos separados da realidade. O cérebro não *produz* a consciência. Ele a *transmite* e a *exibe*.

Consideremos esta proposição: o argumento-padrão que leva a ciência oficial a afirmar que o cérebro produz a consciência é a observação segundo a qual, quando o cérebro está inoperante, a consciência cessa. Há várias coisas erradas com esse argumento. Em primeiro lugar, não é verdade que a consciência sempre e necessariamente cessa quando o cérebro não está funcionando. Como vimos em nossa revisão da EQM, estudos clínicos mostram que pessoas cujo cérebro está clinicamente morto podem ter experiências conscientes, e às vezes essa experiência se revela como uma percepção verídica do mundo.

Em segundo lugar, mesmo que a consciência cessasse quando o cérebro estivesse inoperante, isso não provaria que a consciência é produzida pelo cérebro. Quando desligamos o computador, o telefone celular, o aparelho de TV ou o rádio, as informações exibidas desaparecem, mas as próprias informações não deixam de existir. Assim como as informações exibidas por instrumentos eletrônicos existem independentemente desses instrumentos, a consciência que é transmitida por meio do cérebro existe independentemente do cérebro que a transmite. A consciência existe no cosmos quer ela seja ou não transmitida por um cérebro ou qualquer outro organismo vivo.

FUNDAMENTOS NA EXPERIÊNCIA

A afirmação de que a consciência é um elemento intrínseco da dimensão cósmica profunda tem fundamentos em nossa própria experiência. Nós temos acesso à consciência de uma maneira fundamentalmente diferente da maneira como temos acesso às coisas no mundo. Para começar, a consciência é privada: somente o "eu" pode experimentá-la.

Mas, ao contrário de outras coisas, eu não observo minha consciência, eu a *vivencio*. A diferença não pode ser negligenciada. A observação é um ato da terceira pessoa: o observador é separado da pessoa, coisa ou evento que ele observa. O cérebro, diferentemente da consciência associada a ele, pode ser observado nesse modo. E, ao examiná-lo, vemos a matéria cinzenta, constituída por miríades de redes de neurônios e de conjuntos subneuronais. Mas não podemos observar a consciência associada a eles, nem é possível fazer isso.

Há um apoio suplementar para a afirmação de que a consciência não é parte do mundo manifesto, o mundo do espaço-tempo. Trata-se da evidência — apresentada e discutida na Parte 1 — segundo a qual a consciência existe não apenas em associação com o cérebro, mas também pode persistir independentemente dele. Se a consciência fosse produzida pelo cérebro, ela cessaria quando o cérebro deixasse de desempenhar sua função. Vimos, no entanto, que em alguns casos notáveis a consciência continua a existir além de um cérebro funcional. Isso não é uma anomalia. A consciência não é parte do cérebro e não é produzida por ele. Ela é apenas transmitida e exibida pelo cérebro e existe independentemente do fato de ser ou não transmitida e exibida por ele.

AS PRINCIPAIS PROPOSIÇÕES DO CONCEITO AKÁSHICO DE CONSCIÊNCIA

A consciência é transmitida e exibida pelo cérebro

Se a consciência não está no mundo manifesto, nem faz parte dele, então ela se encontra em um reino espiritual transcendente descrito nas religiões abraâmicas ou é parte de uma dimensão não manifesta do cosmos. O conceito akáshico afirma que a consciência é parte do cosmos, até mesmo uma parte fundamental dele. Mas não é parte do espaço-tempo observável.

Ao contemplar essa proposição, voltemos à analogia da informação transmitida por um rádio ou outro instrumento. Sabemos que um rádio *reproduz* os sons de uma sinfonia. Ele não *produz* essa sinfonia. A sinfonia existe independentemente de sua reprodução e continua a existir quando o rádio é desligado. É claro que, quando o rádio é desligado, não ouvimos mais os sons da sinfonia captados por ele. Mas isso não significa que a sinfonia deixou de existir.

A dimensão profunda é uma consciência cósmica

Como sugerimos antes, a dimensão profunda do cosmos é uma consciência. Ela recebe informações vindas da dimensão manifesta e "in-forma" a dimensão manifesta. Na perspectiva do mundo manifesto, a dimensão profunda é um campo, ou meio, de informação. Ela "in-forma" coisas no mundo. Mas, "em si mesma", essa dimensão é mais do que uma rede de sinais "in-formadores". É uma consciência por direito próprio.

Esse princípio é apoiado pela experiência de nossa própria consciência. Notamos que nós não *observamos* nossa consciência — nós a *experimentamos*, a *vivenciamos*. Nós também não *observamos* o Akasha (ele é uma dimensão "oculta"), mas nós o *experimentamos*: mais precisamente, nós experimentamos seu efeito sobre coisas que *podemos* experimentar: coisas na dimensão manifesta. Vamos supor, então, que pudéssemos vivenciar não apenas o mundo do espaço-tempo manifesto, mas também a própria dimensão profunda. Isso pressuporia que nós somos um ser divino ou sobrenatural, coextensivo com o cosmos. Se *fôssemos* o cosmos, poderíamos realizar introspecções em sua dimensão profunda. E nossa introspecção, muito provavelmente, revelaria o que a introspecção revela em relação à nossa própria experiência: não apenas conjuntos e fluxos de sinais, mas também o fluxo qualitativo que conhecemos como a nossa consciência. Nossa introspecção no nível cósmico revelaria uma consciência cósmica.

A consciência cósmica in-forma o mundo manifesto

Exatamente como a consciência na dimensão profunda in-forma coisas no mundo manifesto? Essa é uma questão difícil, pois diz respeito ao efeito físico de uma agência não física. Ela é elucidada, no entanto, por recentes explorações na fronteira em que a física quântica encontra a neurociência. O conceito básico é obra do físico Roger Penrose e do neurocientista Stuart Hameroff. Eles afirmam que sua teoria explica como uma consciência basicamente imaterial pode entrar no mundo material (ou quase material) e in-formar esse mundo.[1]

O conceito importante é o de "Redução Objetiva Orquestrada" ("Orchestrated Objective Reduction" ou Orch OR) de Penrose. Esse conceito estende a relatividade geral de Einstein à escala de Planck, o nível básico do espaço-tempo. De acordo com Penrose, uma partícula em um determinado estado ou local é uma curvatura específica na geometria do espaço-tempo, e a mesma partícula em outro local é uma curvatura no sentido oposto. A superposição das curvaturas em ambos os locais produz curvaturas simultâneas em sentidos opostos, as quais constituem bolhas ou vesículas no tecido do espaço-tempo.[2] Essas bolhas ou vesículas são os *quanta* que povoam o mundo físico. Elas estão entrelaçadas e são não locais, mas também são instáveis: interagindo, elas colapsam na estrutura fina espaçotemporal, assumindo um estado particular em um lugar e um tempo particulares.

Penrose sugere que cada colapso quântico introduz um elemento de consciência no espaço-tempo. Se for esse o caso, teríamos uma explicação baseada na física a respeito de como a consciência na dimensão profunda ingressa no mundo manifesto. Dissemos que cada *quantum*, cada átomo e cada estrutura multiatômica, incluindo nosso próprio cérebro e nosso próprio corpo, são "in-formados" pela dimensão profunda. Essa "in-formação" ocorre por causa da sensibilidade das estruturas subneuronais do nosso cérebro a flutuações no nível quântico. Elas são responsivas à redução objetiva orquestrada por intermédio da qual a consciência ingressa no mundo manifesto no nível da estrutura fina do espaço-tempo.

Teorias que respondem pela presença da consciência no mundo serão, sem dúvida, desenvolvidas nos próximos anos. Mas não é provável que seu desenvolvimento posterior venha a mudar a percepção básica: a de que a consciência não é produzida pelo cérebro. A consciência é um fenômeno cósmico meramente transmitido e elaborado pelo cérebro.

A consciência é uma dimensão cósmica, e o cérebro é uma entidade local. A consciência associada ao cérebro é uma manifestação localizada do Akasha, a dimensão profunda do cosmos.

PARTE 3

A EXPLICAÇÃO

9

O Revivenciar da Consciência

A Evocação e a Recuperação de Dados do Akasha

O objetivo da Parte 3 deste estudo é explorar a ciência descrita na Parte 2 por sua capacidade para lançar luz sobre os fenômenos além do cérebro revisados na Parte 1. À luz do paradigma akáshico, podemos considerar o contato e a comunicação com uma consciência não associada a um cérebro vivo como um fenômeno legítimo em nosso mundo físico quadridimensional.

A consciência humana, como dissemos, é uma manifestação local da consciência integral cósmica que denominamos Akasha. As manifestações da consciência que encontramos em experiências transmitidas por instrumentos e por médiuns, em recordações de vidas passadas e em experiências do tipo reencarnação são exemplos localizados dessa consciência cósmica.

Uma vez que nossa consciência individual é parte integrante da realidade holograficamente entrelaçada (*holographically entangled*) de Akasha, tudo o que ocorre em nossa consciência está integrado com outras consciências localizadas (ou locais) no universo.

Essa proposição pode parecer surpreendente, mas está dentro do âmbito da experiência real. Ela nos é familiar no sentido de que pode ser comparada a sistemas de informação artificial. Considere um *laptop*, um *tablet* ou um *smartphone* que funciona por meio de baterias. Se o dispositivo depender de baterias para o seu funcionamento, ele acabará parando, pois suas baterias ficarão esgotadas. As baterias do dispositivo eletrônico são análogas à energia vital de um organismo vivo. Ambos podem ser recarregados por algum tempo, mas não indefinidamente. Mais cedo ou mais tarde, a energia que alimenta o sistema será exaurida, e então o sistema eletrônico ficará inerte, e o organismo morrerá. Quando o organismo se aproximar de seu estado final, sua consciência desvanecerá e vacilará, de maneira parecida com as falhas que ocorrem no dispositivo eletrônico quando suas baterias estão quase esgotadas. Quando o organismo exaurir por completo as energias que lhe estão disponíveis, sua consciência desaparecerá. O organismo estará morto, como se diz que o dispositivo eletrônico está igualmente "morto". Os sistemas não processam mais informações.

A morte para o organismo e o correspondente estado "morto" para um instrumento eletrônico é a interpretação clássica do que acontece quando a reserva de energia em um sistema está esgotada. Com relação ao dispositivo eletrônico, sabemos que as consequências não são necessariamente o que parecem. Tudo o que foi programado dentro do dispositivo poderia ter sido salvo — por exemplo, enviando esse material para um aplicativo como Dropbox, iCloud ou outro programa de computação em nuvem. Então, os algoritmos e programas que compõem a inteligência do dispositivo persistem mesmo quando o sistema está inoperante e podem ser recuperados quando o dispositivo é recarregado. Eles podem ser recuperados não apenas pelos dispositivos que introduziram as informações, mas também por qualquer dispositivo com uma fonte de energia ativa.

Um processo semelhante de conservação da informação se aplica à natureza. Embora um organismo não possa ser reanimado depois que entrou no estado terminal, seus suprimentos de memória poderiam ter sido salvos no Akasha e poderiam ser "evocados" (*called up*) — recuperados e revivenciados — por qualquer organismo com um cérebro e um sistema nervoso ativos. Tudo no fluxo de sensações, sentimentos e informações que constitui uma consciência humana é "salvo" nessa dimensão profunda. Esse não é um processo separado de *add-on*, mas um processo intrínseco e contínuo. A consciência humana não é o produto do cérebro humano, mas um elemento intrínseco da consciência que permeia o cosmos.

Isso explica o fato de vivenciarmos elementos de consciência que não são elementos de *nossa* consciência. Sabemos que, em um sistema de informação baseado na computação em nuvem, todos os arquivos estão conectados com todos os outros arquivos e todos podem ser recuperados [*recalled*]. Tudo o que é necessário é o código — o "nome do usuário" e/ou "senha" — para que o arquivo em questão apareça. Sabemos disso quando "evocamos" *sites* e informações da internet. A própria Internet não está presente aos nossos sentidos. É uma rede invisível que engloba, salva e pode exibir todos os arquivos que foram carregados (*uploaded*) nela.

Essa é uma analogia para o processo que ocorre em relação à informação processada pelo cérebro. As redes cerebrais processam e armazenam as informações recebidas pelo organismo, e algumas dessas informações — potencialmente todas — podem ser recuperadas. Quando pensamos em uma pessoa, em um local ou em um evento, nós visualizamos essa pessoa, esse local ou evento juntamente com pessoas, locais e eventos relacionados. Nós os recuperamos de nossos depósitos de memória. Em estados alterados de consciência, expandimos nossos depósitos de memória. Também podemos recuperar pessoas, lugares e eventos que não faziam parte de nossa própria experiência de vida.

A consciência associada ao nosso cérebro é um elemento intrínseco em um campo de informação cósmica holograficamente entrelaçada. Ela está ligada ao "restante do mundo". Isso significa que, em princípio, podemos "evocar" ou "chamar" (*call up*) a consciência de qualquer pessoa — qualquer "arquivo" que tenha sido "salvo" no campo de informação cósmica — independentemente do fato de a pessoa que introduziu a informação estar viva ou não. Esse revivenciar, ou reexperimentar, a informação não é apenas uma possibilidade abstrata: o potencial para isso é demonstrado no trabalho de psicólogos e psiquiatras transpessoais. Quando eles introduzem seus pacientes em estados alterados de consciência, eles expandem sua consciência até um ponto que, nas palavras de Stanislav Grof, parece abranger todo o universo.

O contato e a comunicação com as formas localizadas de consciência cósmica são facilitados ingressando-se em um estado alterado de consciência da própria pessoa. A comunicação é estimulada pelo amor, pela tristeza, pela aflição e por outras emoções fortes. Os médiuns parecem capazes de obter a comunicação à vontade. A comunicação também pode ser obtida por meio de instrumentos eletrônicos, caso em que um instrumento manifesta a informação evocada pelo experimentador. E as pessoas que passam pela experiência da reencarnação testemunham que a comunicação também pode ser produzida pela coincidência de características corporais suas com as de uma pessoa falecida, em especial se essa pessoa viveu no mesmo ambiente que a primeira e se teve uma morte violenta.

A noção de "evocar" (*calling up*) é apropriada. Por meio de nossa consciência, estamos evocando elementos de consciência que podem ser elementos de nossa própria consciência (caso em que eles são nossas próprias lembranças de longo prazo) ou elementos de consciência de outras pessoas. Todos os elementos de consciência são conservados na dimensão profunda do Akasha e integrados com todos os outros elementos. Eles podem ser evocados — revivenciados — por todas as pessoas. Essa evocação e essa recuperação de dados não estão limitadas nem no espaço nem no tempo. Nossa consciência localizada é parte integral da consciência que "in-forma" o universo.

10

A Morte e o Além

O Retorno ao Akasha

Depois de nossa revisão, na qual nos referimos à evocação e à recuperação de dados [*recall*] e de elementos da consciência extraindo-os do Akasha, vamos agora considerar o processo inverso: de que modo estamos devolvendo elementos de nossa própria consciência a essa dimensão akáshica. Como já observamos, todo pensamento, todo sentimento e toda intuição que aparecem em nossa mente são transferidos de maneira espontânea para o Akasha. Nesse contexto, a palavra "transferência" é enganosa. Tudo em nossa consciência está intrinsecamente ligado à dimensão akáshica profunda — é uma parte intrínseca dessa dimensão. Por isso, nada precisa ser transferido. Tudo já está lá, instantânea e espontaneamente salvo.

Quando um indivíduo morre, esse processo de partilha instantânea chega ao fim. Nesse ponto, a totalidade da informação que foi salva na dimensão profunda retorna a essa dimensão. Aqui também a palavra "retorno" é enganosa, uma vez que não se trata de um feixe de informações "retornando" de um lugar para outro. A totalidade da informação que compunha nossa consciência está conservada no Akasha e está integrada com a consciência de todos os outros seres humanos e outros seres no espaço-tempo. Com a morte do corpo, a conexão entre nossa consciência individual e a consciência cósmica permanece intacta. Apenas o nosso corpo e o nosso cérebro são deslocados para fora dela. Morrer não é o fim da existência. É um retorno da consciência localizada no indivíduo para o cosmos.

O corpo humano tem um período finito de existência, ao passo que a consciência cósmica pode ser infinita. Desse modo, não há somente um ponto no tempo em que a consciência na dimensão profunda entra e começa a "in-formar" o corpo, mas há também um ponto em que esse processo de "in-formação" chega ao fim. Depois desse ponto terminal, os *quanta*, os átomos, as moléculas e as células que compõem o corpo continuam em seus próprios caminhos. Eles são in-formados separadamente pelo Akasha e conservam a consciência que corresponde ao seu próprio estado. A consciência que havia in-formado o corpo todo não desaparece: ela segue então sua própria trajetória. Ela permanece como uma parte intrínseca da consciência do cosmos.

PONTOS DE REFERÊNCIA DA REENTRADA NO AKASHA

Há relatos de primeira mão sobre as características básicas do retorno da consciência localizada de um indivíduo ao Akasha. São relatos de pessoas que quase morreram, mas voltaram: relatos sobre suas EQMs. Há também relatos indiretos — "transcomunicações" — vindos de pessoas que de fato morreram. Esses relatos vêm de médiuns, de pessoas em estados alterados de consciência e de crianças — todos os que conseguiram se lembrar de alguns elementos de sua própria morte: o retorno de sua consciência ao Akasha.

Como observamos no Capítulo 1, as EQMs, embora diversas, têm elementos comuns. Raymond Moody os chamou de "traços" (*traits*). Os traços principais são estes: uma sensação de estar morto, uma sensação de paz e de ausência de dor, a experiência fora do corpo, a experiência do túnel, o encontro com pessoas de luz, uma ascensão rápida aos céus, uma relutância em retornar e a revisão panorâmica da vida. Outros traços da experiência incluem encontros alegres com membros da família e outros entes queridos e encontros frustrantes com pessoas que não percebem as tentativas dos desencarnados de entrar em contato com elas — elas não conseguem perceber a presença desencarnada deles. Mas é o sentimento de paz profunda e de tranquilidade em muitas — se não em todas — EQMs que geralmente prevalece. Isso faz com que a maioria daqueles que as experimentam relute em retornar.

Há correlatos fisiológicos que explicam alguns dos traços acima, entre eles a experiência do túnel e a experiência da luz radiante. Como já observamos, constata-se a ocorrência de uma irrupção de atividade no cérebro de pessoas que estão morrendo, com um aumento do fluxo sanguíneo. Isso poderia responder pela experiência do túnel e da luz radiante na sua extremidade final. Mas o aumento do fluxo sanguíneo não responde pelos outros traços da EQM. Não há explicação física ou fisiológica para a experiência fora do corpo, para o contato e a comunicação com indivíduos falecidos, para a comunicação com seres de luz e para a revisão panorâmica da vida. No entanto, essas características sugerem que a consciência que estava associada a um cérebro e a um corpo vivos continua presente. E está presente ainda com mais intensidade e efetividade do que durante a vida do indivíduo.

O CASO DE "E. K."

Uma expansão alegre do ser é muitas vezes sentida em experiências de pós-morte. O relato a seguir, canalizado por Jane Sherwood, ilustra esse ponto.

> Eu me vi desperto no estado de transição... imaginei que ainda estaria fraco e doente, mas me levantei sentindo-me maravilhosamente revigorado e feliz e perambulei por algum tempo nas vizinhanças

[*something-nothing*]* desse mundo estranho, mas não consegui reconhecer nenhum sentido nele. O silêncio contemplativo me entorpeceu na inconsciência por um longo tempo, porque, quando acordei, meu corpo estava completamente diferente, não frágil e fraco como eu havia suposto, mas vigoroso e pronto para qualquer coisa, como se de repente eu tivesse voltado à juventude.

Em seguida, E. K. viu-se em uma encosta e descreveu o panorama:

> Não era uma beleza terrena. Havia luz *sobre* as coisas e *dentro* delas, de modo que tudo irradiava vida. A grama, as árvores e as flores estavam tão iluminadas internamente pela sua própria beleza que a alma respirava no milagre da perfeição...
>
> Fico quase perdido quando tento descrever os céus como eu os vi a partir da minha encosta. A luz não irradiava de uma única direção, ela era um fato resplandecente e universal, banhando tudo em sua radiância macia, de modo que as sombras acentuadas e as bordas escuras que definem objetos na terra estavam faltando. Cada coisa brilhava ou cintilava com sua própria luz e também era iluminada pelo esplendor que cercava todo o ambiente. O céu, quando o olhei, parecia uma pérola reluzindo com cores opalescentes. Havia uma sugestão de profundeza insondável no espaço quando as cores tremeluzentes rompiam suas transparências para mostrar o abismo infinito.[1]

Essas experiências sugerem que o indivíduo deixou para trás o mundo manifesto das coisas locais e materiais e entrou em um reino onde as coisas não têm consistência material e não existem em posições únicas no espaço e no tempo.

---

* O que lembra a percepção não dualista que o budismo atribui à aparência-vacuidade. (N.T.)

DOIS CAMINHOS

A qualidade alegre das experiências de quase morte e de pós-morte é impressionante, mas não é um "selo de excelência" que marca as experiências de todas as pessoas. A consciência humana, pelo que parece, pode seguir por mais de um caminho quando deixa o corpo. Enquanto algumas experiências são gratificantes e alegres, outras manifestam desconforto e sofrimento.

Durante milhares de anos, as tradições religiosas e espirituais do mundo estiveram nos dizendo que a viagem da alma além do corpo pode nos erguer até um reino celestial ou pode nos levar para baixo até um vale de tristeza e sofrimento. Existe uma razão discernível para entrar em um ou em outro desses caminhos?

O budismo tibetano descreve a transição para além da vida terrena como uma passagem através do bardo. *Bardo* significa estado "intermediário" ou "transicional" ou "entre dois extremos" [*in-between*]. É o estado de existência entre duas vidas terrenas. Depois da morte e antes de seu renascimento, a consciência não está associada a um corpo físico e experimenta várias coisas em seu estado desencarnado. Ela pode vivenciar percepções claras do ambiente imediato, bem como alucinações perturbadoras. Essas últimas podem preceder o renascimento que vem sob uma forma indesejável e em circunstâncias desfavoráveis.

No budismo tibetano, a entidade que transita de uma vida para outra é o *gandharva*. Sua existência é uma suposição lógica, uma vez que não pode haver nenhuma descontinuidade entre a morte de um indivíduo e o seu renascimento. O período intermediário é o período de transição ou transmigração: o período do sexto bardo. Este é precedido por outros cinco períodos, que se estendem ao longo de toda a vida anterior do indivíduo. São eles o *bardo shinay*, o bardo do nascimento e da vida, o *bardo milam*, o bardo do estado de sonho, o *bardo samtem*, o bardo da meditação, o *bardo chikkhai*, o bardo do momento da morte, o *bardo chonyid*, o bardo da luminosidade marcada por visões preciosas e, por fim, o *bardo sidpa*, o bardo da transmigração.[2]

Na tradição espiritual do Ocidente, temos um relato diferente da jornada da alma, do espírito ou da consciência além da morte. O relato clássico nos vem da mitologia helênica. Fala do Hades, o domínio dos mortos, atravessado por cinco grandes rios: o Estige, o Aqueronte, o Cócito, o Flegetonte e o Lete. (Diferentemente da crença popular, não era no Estige que o barqueiro Caronte transportava os mortos para o outro lado, mas no menos conhecido Aqueronte.) A permanência no Hades não era para a eternidade. Dentro de sua imensa atemporalidade, havia um período quando, uma vez concluído, esperava-se que o morto (a quem os gregos chamavam de "a sombra") voltasse e revivesse sua vida. No entanto, antes de voltar, a sombra tinha de beber das águas de um dos cinco rios, o Lete, o rio do esquecimento. As águas lavavam todas as lembranças da vida passada da sombra e permitiam que ela renascesse no mesmo caminho da vida. O poeta romano Virgílio descreveu a cena:

> Agora Eneias distingue, na profundeza de um vale retirado, um bosque, um pedaço de mata isolada, cujos ramos sussurravam ao vento, e o Rio Lete passando à deriva por esses lugares tranquilos. Esvoaçava por ali uma multidão [de fantasmas] sem número... Eneias, intrigado pela súbita visão, perguntou, em sua ignorância, o que isso poderia significar, que rio era aquele e toda aquela multidão de pessoas que enxameavam a extensão de suas margens. Então [o fantasma de] seu pai, Anquises, disse: "São as almas destinadas à Reencarnação. E agora, na corrente do Lete, elas bebem as águas que saciam os problemas do homem, o gole profundo do esquecimento... Elas vêm em multidões até o Rio Lete, para, como você vê, com a memória removida pelas águas, poderem revisitar a terra acima".[3]

Quando as águas do Lete removem todas as lembranças da vida da sombra, que acaba de concluir seu percurso, ela renasce em um novo corpo e começa uma nova vida, sem se lembrar de ter vivido antes.

O CAMINHO DO RENASCIMENTO

A crença segundo a qual a alma, o espírito ou a consciência renasce em outro corpo não se limita às doutrinas espirituais, mas é uma crença amplamente difundida, quase universal. Ocorre em quase todos os cantos do planeta e entre pessoas de quase todas as culturas. Na Grécia Antiga, era uma crença central da religião órfica e, na cabala judaica, era conhecida como *Gilgul.* Nas margens ocidentais extremas da Europa, os celtas, como parte de sua teologia druídica, acreditavam que a alma humana era sempre transferida de um corpo para outro, e, mais ao norte, os nórdicos compartilhavam a mesma crença. Nos tempos modernos, a crença na transmigração das almas permanece presente entre os iorubás da África Ocidental, as tradições xamânicas dos nativos norte-americanos do Alasca e da Colúmbia Britânica, os drusos no Líbano e os alevis na Turquia.

As crenças religiosas e espirituais no que se diz ser a transmigração da alma são apoiadas por evidências seculares. Estas são fornecidas por uma variedade especial de experiências do tipo reencarnação (ETRs). Na variedade-padrão, há pouca ou nenhuma informação a respeito do que acontece com a consciência entre as vidas. A consciência simplesmente reaparece em outro corpo, muitas vezes no de uma criança. A jornada que leva a consciência do corpo anterior, e agora morto, para o novo corpo nem sempre é revelada. No entanto, se essa jornada ocupa um período de tempo finito, deveria haver alguns vestígios dela na consciência transitória. Ao que tudo indica, esses vestígios existem, embora raramente sejam relatados. Milhares de casos de reencarnação foram relatados por centenas de investigadores peritos, e alguns deles descrevem o intervalo entre o desaparecimento da personalidade anterior e seu reaparecimento em outra. O intervalo mais frequente parece estar abaixo de um ano, mas também foram relatados períodos de vários anos. E, no caso de personagens históricos, o intervalo pode se estender por séculos.

Algumas crianças relatam "lembranças do intervalo" (*intermission memories*) que oferecem vislumbres da experiência entre a morte e o renascimento. A maioria dos relatos vem de crianças em algumas partes da Ásia. Jim Tucker e Poonam Sharma coletaram um número impressionante do que eles chamam de "ETRs com lembranças do intervalo entre vidas".[4]

Das mais de 2.500 ETRs coletadas por Tucker e Sharma, 26 incluem lembranças do intervalo entre a morte da personalidade anterior e seu reaparecimento em uma criança. As lembranças do intervalo são geralmente de quatro tipos: lembranças do funeral da pessoa falecida, seguidas por experiências de outros eventos terrenos, depois lembranças de existência em um reino extraterrestre e, por fim, lembranças da concepção ou do renascimento. As ETRs com lembranças do intervalo em geral são mais claras e mais verídicas do que as ETRs sem essas lembranças. As crianças que as recuperam conhecem a personalidade anterior pelo nome e até mesmo pelo apelido, e suas descrições relatam claramente e com dados comprováveis o modo como a personalidade anterior morreu. Tucker e Sharma descobriram que 74% dos relatos da morte da personalidade anterior eram precisos na maioria dos detalhes e que 10% eram precisos em cada detalhe.

As experiências do intervalo também são mais claras em relação a marcas ou defeitos de nascença que correspondem a ferimentos sofridos pela personalidade anterior. Crianças com lembranças do intervalo apresentam mais comportamentos relacionados com a vida da personalidade anterior e mostram menos diferenças entre a personalidade anterior e a própria família que era então a deles.

A diferença entre ETRs com lembranças do intervalo e aquelas sem tais lembranças refere-se principalmente à clareza e à intensidade das experiências. Não há diferenças significativas na idade das crianças que se lembram das experiências e no número de marcas de nascença ou de defeitos de nascimento em seus corpos. Há poucas diferenças com relação à distância entre o lugar onde a personalidade anterior vivia e onde a criança vive agora: constatou-se que a distância média era de 201 quilômetros em experiências com lembranças do intervalo e de 255 quilômetros em experiências sem lembranças do intervalo.

EXPERIÊNCIAS DE QUASE MORTE E EXPERIÊNCIAS DO TIPO REENCARNAÇÃO

Há semelhanças suficientes entre as experiências do tipo reencarnação e as de quase morte para justificar o fato de que às vezes elas são consideradas experiências do mesmo tipo. No entanto, há diferenças significativas entre elas. As EQMs têm um componente que falta às experiências do tipo reencarnação: a pessoa volta para o corpo físico, recuperando a vida nesse corpo. Outras diferenças dizem respeito à qualidade das experiências. Vimos que em muitas experiências de quase morte a qualidade da experiência é positiva e, algumas vezes, é extraordinariamente alegre. Isso não acontece com as ETRs. Trinta e cinco ETRs com lembranças do intervalo analisadas por Tucker e Sharma tiveram como resultado o que as crianças descreveram como "uma sensação subjetiva de estar mortas", mas em apenas duas das 35 experiências houve a presença de uma qualidade positiva, como um sentimento de paz e de ausência de dor. Também faltam naqueles que experimentam as ETRs a sensação de estarem envoltos em luz, a visão de lindas cores e o ingresso na luz. Essas experiências raramente sugerem um sentimento de harmonia e de unidade com o cosmos. Em vez disso, parece que o intervalo entre as vidas é um período de desconforto e sofrimento.

Que razão podemos encontrar para justificar essas divergências entre as EQMs e as ETRs? Tradicionalmente, a resposta tem sido fornecida por doutrinas espirituais e religiosas. Nas tradições orientais, o conceito-chave nesse sentido é o de *karma*. A qualidade do *karma* de um indivíduo, avaliada com base na qualidade espiritual e moral de sua vida, parece decidir em que circunstâncias esse indivíduo retorna.

A qualidade do *karma* de uma pessoa também pode decidir se ela de fato retornará ou não. O retorno à existência terrestre pode ser consequência de uma vida que não foi consumada por completo, o que exige um novo ciclo de existência para que ela obtenha a retificação, ou purificação, necessária. O renascimento pode ser uma segunda chance — e, depois, uma terceira e talvez uma décima chance — na jornada da consciência do indivíduo em direção a reinos superiores, que os budistas chamam de nirvana e, nós, agora, reconhecemos como a dimensão profunda do cosmos.

O caminho do não retorno é muito valorizado pelos mestres espirituais. O tibetano Tulku Thondup aconselhou: "Se você é um meditador altamente realizado — que refinou e aperfeiçoou a iluminada natureza da mente —, você precisa permanecer nesse estado iluminado sem vacilar. Se o fizer, em vez de renascer, você poderá alcançar o Estado de Buda".[5]

Essa é, em essência, a mensagem que também é transmitida por médiuns do Ocidente quando canalizam entidades desencarnadas. De acordo com a entidade chamada Seth, canalizada por Jane Roberts, o estado do ser humano é apenas uma etapa no processo do desenvolvimento progressivo da alma ou do espírito. Quando essa etapa é finalizada, há uma passagem para outro plano de existência com oportunidades de desenvolvimento ainda mais sublimes.[6]

Os caminhos da jornada da consciência para além do corpo parecem divergir, mas, em última análise, podem convergir. Mesmo se houver um retorno cíclico à existência terrestre por meio da reencarnação, para períodos de teste e aperfeiçoamento, quando esse ciclo está completo, a consciência humana retorna para o lugar de onde veio: o Akasha, a dimensão profunda e a consciência integral do cosmos.

Começamos esta pesquisa indagando a Grande Questão: "Será que a nossa consciência — mente, alma ou espírito — termina com a morte do nosso corpo? Ou será que ela continua de alguma maneira, talvez em outro domínio ou outra dimensão do universo?". Podemos dizer agora que a resposta à Grande Questão é positiva. A consciência não termina com a morte do corpo. Ela continua a existir em outra dimensão do cosmos: na dimensão profunda que chamamos de Akasha. Embora não haja certeza absoluta a respeito de qualquer questão relativa à natureza da realidade, em especial à natureza dessa realidade mais profunda, o que com certeza sabemos a respeito da Grande Questão é que ela é sólida o bastante para nos assegurar que a resposta que encontramos é provavelmente a correta.

POSFÁCIO

A Imortalidade Consciente

A Aurora de Uma Nova Era

Embora a Grande Questão não tenha sido finalmente, nem definitivamente, respondida, nem jamais o será, temos boas razões para acreditar que somos imortais. No final das contas, a resposta à pergunta "Quem somos nós?" não é definida pelo nosso corpo, mas pela nossa mente. E, embora nosso corpo seja mortal, nossa mente, assim como toda consciência no cosmos, persiste indefinida e talvez infinitamente além do espaço e do tempo.

O que significa ter uma consciência que subsiste além do corpo? Esse é um tipo de imortalidade, mas o que isso significa para nós como indivíduos e como espécie? Por certo, uma percepção de nossa imortalidade muda nosso conceito de quem nós somos e do que é o mundo. Essa é uma grande mudança, uma verdadeira transformação, uma vez que a visão materialista ainda dominante não permite a existência de uma mente imortal. Mas, se essa visão fosse correta, a consciência não poderia subsistir além do corpo, e as evidências de que subsiste seriam um enigma. Mas essas evidências são vigorosas, e é provável que a visão dominante esteja equivocada. A consciência não desaparece quando morremos. Essa é uma percepção muito antiga e, se quisermos recuperá-la e revivê-la, uma nova era despontaria para nós como indivíduos e para a espécie humana como um todo.

A NECESSIDADE DE UMA NOVA ERA

Dizem que a única constância neste mundo é a constância da mudança. A mudança é constante, mas seu ritmo varia muito. Há épocas de relativa estabilidade e épocas de mudança súbita e revolucionária. Isso vale para a evolução das galáxias, assim como para a evolução das espécies vivas e para a evolução das sociedades humanas.

Vivemos em uma era de constante mutação. Novas sociedades, modeladas por novas maneiras de pensar, de agir e de valorizar, surgem da noite para o dia. Mas esse desenvolvimento carece, em ampla medida, de um propósito consciente. Não há um consenso quando se trata de saber aonde isso nos levará, nem para onde isso deveria nos levar. Essa é uma lacuna perigosa. No passado, havia uma visão mais definida de para onde deveríamos ir. Essa visão era inspirada por valores proclamados na espiritualidade e na religião e, a partir do século XIX, também passou a ser fundamentada por ideais seculares. Os ideais foram às vezes usados por elites sedentas de poder, e as consequências levaram à seguinte pergunta: "O que é melhor, estar à deriva, sem leme, nos mares da mudança, ou navegar em direção a um destino que pode ser enganador e possivelmente prejudicial?". Em teoria, deveríamos ser guiados por uma estrela que servisse aos melhores interesses de todos. Isso, no entanto, não é fácil de se conseguir.

Em uma epoca de mudanças súbitas e imprevistas, há um papel para o pensamento positivo. Futuros positivos precisam ser imaginados e sujeitos a exames minuciosos e a testes. Hoje, se perguntássemos às pessoas o que é preciso para obter um futuro melhor, a maioria delas responderia que precisamos de energia mais barata e mais abundante, de mais riqueza, de tecnologia melhor e de informações mais eficientes para conduzir a ação. Tentamos aplicar essas respostas aos problemas que enfrentamos e, em seu todo, elas falharam. O mundo continua em um caminho descendente rumo ao conflito, à crise e à degradação.

É hora de adotar uma visão melhor para o nosso destino individual e coletivo — uma visão que não dita cursos de ação preconcebidos, mas reforça o espírito humano e lhe confere confiança no valor da vida e no propósito da existência. Tal visão poderia derivar do reconhecimento de que temos uma mente e uma consciência imortais.

No passado, a crença na imortalidade era apenas isto: uma crença. Mas e se a imortalidade tivesse fundamento em fatos? E se ela tivesse o tipo de credibilidade que a ciência pode oferecer? Isso, como vimos, é uma possibilidade real. Não inspiraria e promoveria valores positivos e comportamentos responsáveis?

UMA BREVE HISTÓRIA DE QUATRO ERAS

No alvorecer da história, existíamos como seres imortais, mas não tínhamos conhecimento disso. Mais tarde, nossa existência apegou-se à crença intuitiva de que somos imortais. E então veio a grande desilusão trazida pela racionalidade da era moderna: começamos a existir como seres conscientemente mortais. A era da mortalidade consciente ainda subsiste nos dias de hoje. Mas será preciso que também deva estar aqui amanhã?

A era da imortalidade inconsciente

Nos cerca de cinco milhões de anos que transcorreram desde que nossos antepassados divergiram dos símios superiores, não estávamos conscientes de nossa mortalidade nem de nossa imortalidade. Apenas existimos, sem pensar conscientemente sobre a natureza de nossa existência. Tínhamos de fato uma mente imortal, mas não estávamos conscientes disso. No entanto, saber que nossa mente é imortal não nos teria surpreendido, pois não tínhamos um sentido de dualidade: não dividíamos o mundo em "eu" e "não eu". Não nos sentíamos separados do mundo. Existíamos incorporados na natureza, sentindo-nos elementos inerentes a uma esfera de existência que unia tudo em uma totalidade inconsútil. Vivíamos nossa unicidade com o mundo sem reconhecer essa unicidade.

A era da imortalidade inconsciente durou milhões de anos, desde o início da Idade da Pedra até o período Neolítico, e em algumas partes do mundo muito além disso. Então outra era amanheceu.

A era da imortalidade intuitiva

Cerca de trinta a cinquenta mil anos atrás, tornamo-nos conscientes do fato de que chega um momento em que o nosso espírito deixa o corpo. Mas não pensávamos na morte como o fim da existência. Acreditávamos na subsistência do espírito para além do corpo. Enterrávamos nossos mortos, mas não nos despedíamos deles. Os enviávamos em suas jornadas munidos dos recursos espirituais e materiais necessários para que continuassem sua existência.

Nossos anciãos nos transmitiam suas crenças intuitivas nas lendas e histórias de vida além da morte. Com o tempo, algumas dessas lendas tornaram-se doutrinas que tinham o selo da autoridade espiritual. Algumas das doutrinas consolidaram-se em dogmas e foram aceitas como prescrições para as maneiras como devíamos pensar e agir. As doutrinas separavam os que acreditam dos que não acreditam e dos que acreditam de um modo diferente, e essas divisões produziam lutas e conflitos intermináveis. No entanto, não havia doutrinas em que o não acreditar desempenhasse um papel significativo. O conflito dizia respeito apenas àquilo em que acreditávamos. De uma maneira ou de outra, todas as nossas doutrinas afirmavam a crença na imortalidade da alma ou do espírito humano.

A era da mortalidade consciente

A era da imortalidade intuitiva durou centenas de milhares de anos. Ela foi transcendida e começou a declinar quando, há dois mil e quinhentos anos, um sistema de pensamento baseado na razão e não na fé emergiu nas margens do Mediterrâneo. Inicialmente, como gregos — e mais tarde também como romanos —, nós exploramos a interpretação da natureza da nossa experiência de acordo com uma abordagem racional. Na Idade Média, nosso pensamento foi tingido por doutrinas cristãs, mas, em vez de subjugar sua inclinação racional, nós a aplicamos aos ensinamentos cristãos.

No alvorecer da idade moderna, nós adotamos um sistema de crenças baseado na observação e, mais tarde, em experimentos e medições em vez de crenças. Desenvolvemos o que consideramos a visão científica do mundo.

A ciência moderna sustentava que, de todas as coisas que ingressam em nossa experiência, somente as que podemos ver, ouvir, tocar e sentir o gosto são reais. Essa crença reduziu em muito o alcance de nossa experiência. Muitos elementos e aspectos da experiência humana foram ignorados, suprimidos ou descartados. Eles não se encaixavam na visão científica do mundo, segundo a qual o mundo real consiste apenas em matéria e em coisas constituídas de matéria. Alma, espírito, mente e consciência são ilusões. Apenas o corpo é parte do mundo real, e o corpo é mortal. Desse modo, nós, assim como todos os organismos vivos, somos irreversível e irrevogavelmente mortais: quando nosso corpo morre, nós morremos. Foi essa a era da mortalidade consciente e, em muitas partes do mundo, ela dura até hoje.

Mas a era da mortalidade consciente está agora chegando ao fim. Ela é transcendida por novas percepções que dão credibilidade científica à ideia de uma mente imortal. Se essa ideia fosse reconhecida por uma massa crítica de pessoas, uma nova era despontaria para a humanidade.

A era da imortalidade consciente

A era da imortalidade consciente marcaria uma nova fase na história da vida humana neste planeta. Nessa era, transcenderíamos o sistema de crenças ainda dominante da ciência moderna oficial e perceberíamos que a consciência é um elemento básico e permanente no cosmos e que nossa própria consciência é uma parte intrínseca dele.

A era da imortalidade consciente mudaria nossas relações uns com os outros e com a natureza. Não nos tornaríamos santos e anjos, mas evoluiríamos para seres que têm o conhecimento de possuir uma mente imortal. Não viveríamos mais com medo da morte, no temor de que nossos dias estão contados e que estaríamos nos encaminhando para o nada. Não seríamos vítimas do desejo desesperado de agarrar tudo o que pudermos, enquanto pudermos, já que "vivemos uma única vez".

Levaríamos uma vida mais responsável, cuidando do bem-estar de outras pessoas e de nosso ambiente, que sustenta nossa vida. Saberíamos que, quando nosso corpo morre, não deixamos este mundo, mas apenas transitamos para outra fase de nossa existência. Perceber que nossa consciência é imortal nos daria a certeza de que precisamos experimentar a alegria na vida e a tranquilidade na morte. E nos daria a satisfação duradoura de sermos capazes de contribuir para um mundo que podemos vivenciar e desfrutar repetidas vezes, nesta vida e em vidas que estão por vir.

APÊNDICE

Visões de Mundo Confirmadoras e Provenientes de Fontes Extraordinárias

As visões de mundo e perspectivas apresentadas neste apêndice provêm de fontes extraordinárias. Elas são de grande interesse porque abordam questões fundamentais de nossa existência com base em informações que parecem acessíveis às entidades que falam a respeito delas, mas não são acessíveis à maior parte das outras pessoas. Essas questões incluem:

- a persistência da consciência após a morte;
- o destino separado do corpo e da consciência;
- a realidade dúbia do mundo material;
- a natureza da energia e do pensamento;
- a possibilidade de comunicação além do espaço e do tempo.

UMA VISÃO DE MUNDO VINDA DA FONTE "BERTRAND RUSSELL"

O filósofo Bertrand Russell era conhecido pela extraordinária inteligência que manifestou em sua longa vida. Porém, o testemunho a seguir parece indicar que sua inteligência era extraordinária a ponto sobreviver à morte de seu corpo físico.

A visão de mundo citada aqui foi expressa por Russell no início da década de 1970. Ele estava morto na época, tendo falecido em fevereiro de 1970. Esse trecho foi canalizado por Rosemary Brown, uma médium bem conhecida. Russell estava ciente de que a autenticidade de sua mensagem seria contestada como concebivelmente fraudulenta e usou seu discernimento intelectual para afastar essa suspeita.

> Você pode não acreditar que sou eu, Bertrand Arthur William Russell, que estou dizendo estas coisas, e talvez não haja nenhuma prova conclusiva que eu possa oferecer por meio desta médium um tanto controlada. Aqueles que tenham um ouvido para ouvir podem captar o eco de minha voz em minhas frases, o teor de minha língua em minha tautologia. Aqueles que não quiserem ouvir, sem dúvida irão evocar toda uma tabela de truques para refutar minha retórica retrospectiva.[1]

Agnóstico resoluto, Russell era cético a respeito da probabilidade (se não, como ele dizia, da possibilidade) da vida após a morte. Ele disse que estava certo de que sabia as respostas a muitas perguntas, inclusive àquela pergunta irritante que se referia à probabilidade de começar uma nova vida depois que esta cessasse. No entanto, ele descreveu sua própria morte e sua existência após a vida com alguns detalhes, como indica o trecho a seguir.

> Depois de respirar meu último alento em meu corpo mortal, encontrei-me em algum tipo de extensão da existência que não tinha paralelo, tanto quanto eu podia estimar, na dimensão material que eu tinha vivenciado recentemente... Agora, aqui estava eu, ainda o mesmo eu, com capacidades para pensar e observar intensificadas até um grau inacreditável. De repente, senti como se a vida terrena fosse muito irreal, quase como se ela nunca tivesse acontecido. Levei muito tempo para compreender esse sentimento, até que por fim percebi que a matéria é certamente ilusória, embora exista na realidade; agora, o mundo material nada mais parecia que um mar fervilhante e mutável de densidade

e volume indeterminados. Como eu poderia ter pensado que esta era a realidade, a última palavra da Criação para a humanidade? Contudo, é compreensível que o estado em que o homem existe, por mais temporário que seja, constitui a realidade passageira que não é mais realidade depois que passou.[2]

UMA VISÃO DE MUNDO PROVENIENTE DA FONTE "SALUMET"

A segunda visão de mundo proveniente de uma fonte extraordinária é extraída da transcrição de uma série de sessões com médiuns em transe em Kingsclere, na Inglaterra. A principal entidade canalizada nessas sessões não era um ser humano falecido, mas uma inteligência extraterrestre que se apresentou como Salumet. As conversas com ele, bem como com Bonniol, outro extraterrestre, foram canalizadas por Eileen Roper, uma médium em transe completo, e Paul Moss, um médium em transe parcial. Sarah Duncalf, uma médium em transe parcial, também canalizou outras entidades extraterrestres. George Moss, o cientista que convocou as sessões, foi o principal interlocutor.* Os principais pontos apresentados nessas volumosas conversas focalizavam a natureza da consciência, da energia e do pensamento e a possibilidade de comunicação através do espaço e do tempo.

Mente, Espírito, Consciência

- O espírito sempre existiu.
- Todas as coisas são criadas primeiro no mundo do espírito, e então suas contrapartidas são trazidas para a existência física.
- Mente/espírito/consciência são, em sua essência, diferentes do cérebro e de todas as coisas presentes no mundo físico. Mente/espírito/consciência são parte do mundo do espírito e, como tais, estão

* A transcrição completa das sessões foi publicada por George Moss em *The Chronicles of Aerah–Mind-link Communications Across the Universe*, 2009, e *Earth's Cosmic Ascendancy*, 2014.

instantaneamente ligados ao longo de todo o espaço e o tempo. O mundo do espírito estende-se por todo o espaço e o tempo deste universo e de todos os outros universos. Ele não tem espaço; nele todas as coisas estão instantaneamente ligadas.

Energia

- Há um "vácuo energético" que se estende por todo o universo. (Mas a palavra "vácuo" é um pouco enganadora, pois ela implica vazio). O vácuo energético sempre existiu; ele precede o universo conhecido: "É parte da criação". O espírito está associado com o vácuo energético e mutável: não se pode separar os dois. A mente pertence ao mundo do espírito.
- Embora seja eterna, a energia tem a capacidade de mudar. Nunca é estática. É preferível chamá-la de "*aether*" [éter]. Ela é, basicamente, energia espiritual.
- O espaço, mesmo na ausência de átomos materiais, faz parte da criação. Tudo é energia, independentemente de receber um nome ou não.
- Há muitas diferentes densidades de energia (ou de "ondas de energia"); algumas ainda não foram descobertas pelos cientistas humanos.

Pensamento

- O pensamento é a coisa mais poderosa que alguém pode possuir. Pertence ao espírito. Não tem peso; é energia pura — pertence à energia da totalidade da criação. É por isso que o pensamento pode viajar através de muitos universos em um instante — ainda mais depressa do que em um instante! (Mas isso consiste apenas em usar conceitos físicos para explicá-lo.) Tudo é energia, mas o pensamento é um processo muito diferente. Ele é mais refinado.

- No espaço-tempo nada viaja mais depressa do que a velocidade da luz. Mas o espírito é um domínio que não tem espaço, de modo que as mentes, onde quer que estejam localizadas no universo físico, podem simplesmente se ligar. A mente ignora a distância física.
- O espírito (mente, consciência) é externo ao espaço-tempo, de modo que as comunicações por meio de ligações mentais não estão, de modo algum, comprometidas pela distância física — elas são instantâneas (como na telepatia, na prece, e assim por diante). O cérebro é físico e pertence ao mundo do espaço-tempo.
- As ligações mentais podem operar a qualquer distância física, mesmo para além do universo observável. A distância física é simplesmente irrelevante para as comunicações mentais.
- Uma mente evoluída pode se comunicar com as pessoas antes de nascerem e com parentes depois de terem morrido.
- Não há problema de linguagem na comunicação por ligação mental, pois o cérebro do receptor pode fazer um *download* do pensamento por trás das palavras em seu próprio idioma.

Notas

CAPÍTULO 1
EXPERIÊNCIAS DE QUASE MORTE

1. Paul Storey, trad. *Plato: The Collected Dialogues,* Edith Hamilton e Huntington Cairns, orgs. (Princeton University Press, 1989), "Republic X".
2. Michael B. Sabom. *Light and Death: One Doctor's Fascinating Account of Near-Death Experiences* (Grand Rapids, Mich.: Zondervan Publishing House, 1998).
3. Pim van Lommell. "About the Continuity of Our Consciousness". *Advances in Experimental Medicine and Biology* 550 (2004): 115-32.
4. Bruce Greyson. "Incidence and Correlates of Near-death Experiences in a Cardiac Care Unit". *General Hospital Psychiatry* 25, nº 4B (2003): 269-76.
5. Sam Parnia e Peter Fenwick. "Near-death Experiences in Cardiac Arrest: Visions of a Dying Brain or Visions of a New Science of Consciousness". *Resuscitation* 52 (2002): 5-11.
6. Jimo Borjigin, UnCheol Lee, Tiecheng Lui *et al.* "Surge of Neurophysiological Coherence and Connectivity in the Dying Brain". *Proceedings of the National Academy of Science of the United States of America* (PNAS) 110, nº 35 (agosto de 2013): 14.432-37.
7. Henry Atherton. *The Resurrection Proved* (T. Dawes, 1680).

8. *Ibid.*
9. Albert Heim. "Notizen über den Tod durch Absturz". *Omega Magazine* 3 (1972): 45-52.
10. *Ibid.*
11. Kimberly Clark. "Clinical Interventions with Near-Death Experiencers". *In The Near-Death Experience: Problems, Prospects, Perspectives,* Bruce Greyson e Charles P. Flynn, orgs. (Springfield, Ill.: Charles C. Thomas Publisher, 1984): 242-55.
12. Michael B. Sabom, *Light and Death: One Doctor's Fascinating Account of Near-Death Experiences* (Grand Rapids, Mich.: Zondervan Publishing House, 1998).
13. *Ibid.*
14. William L. Murtha. *Dying for Change; Survival, Hope and the Miracle of Choice* (Bloomington, Ind: Transformation Media Books, 2009).
15. Penny Sartori, Paul Badham e Peter Fenwick. "A Prospectively Studied Near-Death Experience with Corroborated Out-of-Body Perceptions and Unexplained Healing". *Journal of Near-Death Studies* 25, nº 2 (2006): 69-84.
16. *Ibid.*, 72.
17. *Ibid.*, 73.
18. *Ibid.*
19. *Ibid.*
20. Amanda Cable. "Why The Day I Died Taught Me How To Live". *Daily Mail,* 16 de novembro de 2012.
21. *Ibid.*

CAPÍTULO 2
APARIÇÕES E COMUNICAÇÃO APÓS A MORTE

1. Karlis Osis. *Deathbed Observations by Physicians and Nurses* (Nova York: The New York Parapsychology Foundation, 1961).

2. Edward F. Kelly, Adam Crabtree, Emily Williams Kelly e Alan Gauld. *Irreducible Mind: Toward a Psychology for the 21st Century* (Nova York: Rowman & Littlefield Publishers Ltd., 2010), 409.
3. Allan L. Botkin. *Induced After-Death Communications* (Newburyport, Mass.: Hampton Roads Publishing Company, 2005).
4. Barbara Weisberg. *Talking to the Dead: Kate and Maggie Fox and the Rise of Spiritualism* (São Francisco: HarperSanFrancisco, 2004): 12-13.
5. *Ibid.*
6. Renée Haynes. *The Society for Psychical Research, 1882-1982: A History* (Londres: MacDonald & Co., 1982).
7. Eleanor Sidgwick e Alice Johnson. *Proceedings of the Society for Psychical Research* (SPR), Volume X (1894).
8. Edward Gurney e Frederick W. H. Myers. "On Apparitions Occurring Soon After Death". *Proceedings of the SPR* 5, Parte XIV (1889): 403-86.
9. *Ibid.*
10. William F. Barrett. *Psychical Research* (Pomeroy, Wa.: Health Research Books, 1996): 124-27.
11. *Ibid.*, 126.
12. Bruce Greyson. "Seeing Dead People Not Known to Have Died: 'Peak in Darien' Experiences". *Anthropology and Humanism* 35, nº 2 (2010): 165-66.
13. Robert Crookall. *Intimations of Immortality: Seeing That Led to Believing* (Cambridge: Lutterworth Press, 1965), 57.
14. *Ibid.*
15. Frances Power Cobbe. "Little's Living Age (5th series)". *In The Peak in Darien: The Riddle of Death* (1877), 374-79.
16. William F. Barrett. *Death-Bed Visions* (Londres: Methuen, 1926).
17. Donna Marie Sinclair, comunicação pessoal a Anthony Peake.

CAPÍTULO 3
A COMUNICAÇÃO TRANSMITIDA POR MÉDIUNS

1. David Fontana. *Is There an Afterlife?* (Londres: O Books, 2005), 264.
2. *Ibid.*, 150.
3. Richard Hodgson. "A Further Record of Observations of Certain Phenomena of Trance". *Proceedings of the Society for Psychical Research* (1897-1898): 284-582.
4. Montague Keen. *Cross-Correspondences: An Introductory Note* (Londres: The Montague Keen Foundation, 2002).
5. Emily Williams Kelly. "Some Directions for Mediumship Research". *Journal of Scientific Exploration* 24, nº 2 (2010): 253.
6. E. J. Garrett. *Many Voices: The Autobiography of a Medium* (Nova York: Putnam, 1968).
7. *Ibid.*
8. David Fontana, *Is There an Afterlife?*
9. Oliver Lodge. *Raymond or Life and Death* (Nova York: George H. Doran Company, 1916).
10. David Fontana. *Is There an Afterlife?*, 194-95.
11. *Ibid.*, 429.
12. K. Gay. "The Case of Edgar Vandy". *Journal of the Society for Psychical Research* 39 (1957): 49.
13. David Fontana. *Is There an Afterlife?*, 194-95.
14. Guy Lyon Playfair e Montague Keen. "A Possibly Unique Case of Psychic Detection". *Journal of the Society for Psychical Research* 68, nº 1 (2004): 1-17.
15. Erlendur Haraldsson. "A Perfect Case? Emil Jensen in the Mediumship of Indridi Indridason". *Proceedings of the Society for Psychical Research* 59, nº 223 (outubro de 2011): 216.
16. *Ibid.*
17. *Ibid.*

18. Wolfgang Eisenbeiss e Dieter Hassler. "An Assessment of Ostensible Communications with a Deceased Grand Master as Evidence for Survival". *Journal of the Society for Psychical Research* 70.2, nº 883 (abril de 2006): 65-97.
19. *Ibid.*
20. W. Stainton Moses. *Spirit Teachings* (Whitefish, Montana: Kessinger Publishing, 2004).
21. F. W. H. Myers. *Proceedings of the SPR* 9.25 (1894).

CAPÍTULO 4
A TRANSCOMUNICAÇÃO INSTRUMENTAL

1. Waldemar Borogas. "The Chukchee", *in* Franz Boas, org. *The Jesup North Pacific Expedition,* Volume 7, Parte II (Nova York: American Museum of Natural History, 1898-1903), 435.
2. George Noory e Rosemary Guiley. *Talking to the Dead* (Nova York: Tor Books, 2011).
3. Oscar d'Argonnel. *Vozes do Além pelo Telephone* (Rio de Janeiro: Pap. Typ. Marques, Araujo & C., 1925).
4. Anabela Cardoso. *Electronic Voices: Contact with Another Dimension?* (Londres: O Books, John Hunt Publishing Ltd., 2010): 29-30.
5. Friedrich Jürgenson. *The Voices from Space* (Estocolmo: Saxon & Lindstrom, 1964).
6. Hans Bender. "Zur Analyse Aussergewohnlicher Stimmphanomene auf Tonband. Erkundungsexperimente uber dir 'Einspielungen' von Friedrich Jürgenson". *ZSPP (Zeitschrift für Parapsychologie und Grenzgebiete der Psychologie)* 12 (1970): 226-38.
7. Konstantin Raudive. *Breakthrough* (Gerrards Cross, RU: Colin Smythe Ltd., 1971).
8. Peter Bander. *Carry on Talking* (Gerrards Cross, RU: Colin Smythe Ltd., 1972).
9. David Fontana. *Is There an Afterlife?* (Londres: O Books, 2005), 361.

10. J. G. Fuller. *The Ghost of 29 Megacycles* (Londres: Souvenir Press Ltd., 1985).
11. Anabela Cardoso. David Fontana e Ernst Senkowski. "Experiment Transcript Only for Visiting Hans Otto König". *ITC Journal* 24 (2005).
12. David Fontana. *Is There an Afterlife?* 369.
13. Anabela Cardoso. *Electronic Voices*, 29-30.
14. Hans Bender. "On the Analysis of Exceptional Voice Phenomena on Tapes. Pilot Studies on the 'Recordings' of Friedrich Jürgenson". *ITC Journal* 40 (2011): 61-78.
15. Anabela Cardoso. "A Two-Year Investigation of the Allegedly Anomalous Electronic Voices or EVP". *Neuroquantology* 10, nº 3 (setembro de 2012): 492-514.
16. Hildegard Schäfer. "Bridge between the Terrestrial and the Beyond: Theory and Practice of Transcommunication", www.worlditc.org/c_04_s_bridge_27.htm (acessado em 24 de junho de 2014). [Embora sugira um artigo ou ensaio em um *site*, trata-se de um livro excelentemente bem documentado, que foi traduzido em português como *Ponte Entre o Aqui e o Além: Teoria e Prática da Transcomunicação*, Editora Pensamento, São Paulo, 1992, fora de catálogo.]
17. Anabela Cardoso, *Electronic Voices,* 29-30.
18. Ervin Laszlo, *Quantum Shift in the Global Brain* (Rochester, Vt.: Inner Traditions, 2008), 153-56. [*Um Salto Quântico no Cérebro Global: Como o Novo Paradigma Pode Mudar a Nós Mesmos e o Nosso Mundo*, Editora Cultrix, São Paulo, 2012.]

CAPÍTULO 5
AS LEMBRANÇAS DE VIDAS PASSADAS

1. Carl-Magnus Stolt. "Hypnosis in Sweden During the Twentieth Century — The Life and Work of John Bjorkhem". *The History of Psychiatry* 15, nº 2 (junho de 2004): 193-200.

2. Albert de Rochas. *Les vies successives. Documents pour l'étude de cette question* (Paris: Bibliothèque Chacornac, 1911).
3. *Ibid.*
4. Morey Bernstein. *The Search for Bridey Murphy* (Nova York: Lancer Books, 1965), 303. [*O Caso de Bridey Murphy*, Editora Pensamento, São Paulo, 1958 (fora de catálogo)].
5. David Fontana. *Is There an Afterlife?* (Londres: O Books, 2004), 429.
6. Morey Bernstein. *The Search for Bridey Murphy*, 303.
7. Roger Woolger. *Other Lives, Other Selves* (Nova York: HarperCollins, 1989). [*As Várias Vidas da Alma: Um Psicoterapeuta Junguiano Descobre as Vidas Passadas*, Editora Cultrix, São Paulo, 1994 (fora de catálogo)].
8. ________. "Beyond Death: Transition and the Afterlife", transcrição de palestra proferida no Royal College of Psychiatrists, 2004.
9. ________. *Other Lives, Other Selves.*

CAPÍTULO 6
A REENCARNAÇÃO

1. Alexander Cannon. *The Power Within* (Londres: Rider & Co., 1960).
2. Ian Stevenson. "The Evidence for Survival from Claimed Memories of Former Incarnations". *Journal of the American Society for Psychical Research* 54 (1958): 51-71.
3. ________. *Twenty Cases Suggestive of Reincarnation* (Charlottesville, Va.: University of Virginia Press, 1988).
4. ________. "The South-East Asian Interpretation of Gender Dysphoria: An Illustrative Case Report". *The Journal of Nervous and Mental Disease* 165, nº 3 (1977): 203.
5. *Ibid.*
6. Ian Stevenson. *Twenty Cases Suggestive of Reincarnation.*
7. *Ibid.*

8. Ian Stevenson. *Children Who Remember Previous Lives: A Question of Reincarnation* (Charlottesville, Va.: University of Virginia Press, 1987).
9. Jim B. Tucker. "Children's Reports of Past-Life Memories". *Explore* 4, nº 4 (julho/agosto de 2008): 10.
10. ________. *Life Before Life. A Scientific Investigation of Children's Memories of Previous Lives* (Nova York: St. Martin's Press, 2005). [*Vida Antes da Vida: Uma Pesquisa Científica das Lembranças que as Crianças Têm de Vidas Passadas*, Editora Pensamento, São Paulo, 2008.]
11. ________. "Children's Reports of Past-Life Memories", 247.
12. Ian Stevenson e Satwant Pasricha. "A Preliminary Report on an Unusual Case of the Reincarnation Type with Xenoglossy". *Journal of the American Society for Psychical Research* 74 (1980): 331-48.

CAPÍTULO 7
A REDESCOBERTA DA DIMENSÃO PROFUNDA

1. Zeeya Merali. "The Universe Is a String-net Liquid", http://dao.mit.edu/~wen/NSart-wen.htm (acessado em 24 de junho de 2014).
2. Natalie Wolchover. "A Jewel at the Heart of Quantum Physics", www.simonsfoundation.org/quanta/20130917-a-jewel-at-the-heart-of-quantum-physics (acessado em 24 de junho 2014).
3. Nima Arkani-Hamed, Jacob L. Bourjaily, Freddy Cachazo *et al.* "Scattering Amplitudes and the Positive Grassmannian". Cornell University Library, 2012, http://arxiv.org/abs/1212.5605 (acessado em 24 de junho de 2014); Nima Arkani-Hamed e Jaroslav Trnka. "The Amplituhedron". Cornell University Library, 2013, http://arxiv.org/abs/1312.2007 (acessado em 24 de junho de 2014).
4. E. Megidish, A. Halevy, T. Sachem *et al.* "Entanglement Between Photons That Have Never Coexisted". *Physical Review Letters* 110 (2013): 210403.

5. Masanori Hanada, Yoshifumi Hyakutake, Goro Ishiki e Jun Nishimura. "Holographic Description of Quantum Black Hole on a Computer", http://arxiv.org/abs/1311.5607 (acessado em 24 de junho de 2014).

CAPÍTULO 8
A CONSCIÊNCIA NO COSMOS

1. Roger Penrose e Stuart Hameroff. "Orchestrated Reduction of Quantum Coherence in Brain Microtubules: A Model for Consciousness". *Neural Network World* 5, nº 5 (1995): 793-804.
2. ________. "Orchestrated Reduction of Quantum Coherence in Brain Microtubules: A Model for Consciousness". *In Toward a Science of Consciousness — The First Tucson Discussions and Debates,* S. R. Hameroff, A. Kaszniak e A. C. Scott, orgs. (Cambridge, Mass.: MIT Press, 1996).

CAPÍTULO 10
A MORTE E O ALÉM:
O RETORNO AO AKASHA

1. Jane Sherwood. *The Country Beyond* (Londres: Rider & Co., 1945).
2. Sogyal Rinpoche. *The Tibetan Book of Living and Dying* (Nova York: HarperCollins Publishers, 1993).
3. Virgil. *Aeneid* (Oxford, RU: Oxford University Press, 1940), 6:705 ss.
4. Poonam Sharma e Jim B. Tucker. "Cases of the Reincarnation Type with Memories from the Intermission Between Lives". *Journal of Near Death Studies* 23, nº 2 (inverno de 2004): 101-18.
5. Tulku Thondup. *Peaceful Death, Joyful Rebirth: A Tibetan Buddhist Guidebook* (Shambhala: Boston and London, 2006).
6. Jane Roberts. *Seth Reader* (San Anselmo, Calif.: Vernal Equinox Press, 1993).

APÊNDICE. VISÕES DE MUNDO CONFIRMADORAS E PROVENIENTES DE FONTES EXTRAORDINÁRIAS

1. Rosemary Brown. *Immortals by My Side* (Londres: Bachman & Turner, 1974).
2. *Ibid.*